Climate Change

Uehiro-Carnegie-Oxford Conference 2015

クライメート・チェンジ

― 新たな環境倫理の探求と対話 ―

監修　吉川成美

清水弘文堂書房

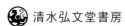

クライメート・チェンジ

新たな環境倫理の探求と対話

吉川成美　監修

清水弘文堂書房

はじめに

ビル・マッキベン（Bill McKibben）は『Enough：Staying Human in an Engineered Age』（２００５年山下篤子訳『人間の終焉――テクノロジーは、もう十分だ！』河出書房新社）を通して、「私たちの時代が直面しているのは、歴史の終わりではなくむしろ『自然の終焉』だといっている。アマゾンの熱帯雨林でも、南極を覆う氷の上でさえも、人間の文明の影響から逃れることはできない。私たちは、太陽の放射線から地球を守るオゾン層を減らし、大気中の二酸化炭素量を増加させている。こうして、植物の生長、雨の化学的な構造、雲を形成させる力にまで、部分的には人為的な作用がおよんでいること」を示唆している。そして、ビル・マッキベンの言葉を後押しするように、ピーター・シンガーは「人間が自発的に変わるか、この惑星の気候が変わってあらゆる国々を道連れにするか、二つに一つであろう」と危機的な地球環境を訴えている。

国連気候変動枠組条約（ＵＮＦＣＣＣ）の「第21回締約国会議（ＣＯＰ21）」をはじめとする国際条約が締結され、温暖化対策が世界各国で打ちだされていくなかではあるが、わたしたちは地球温暖化という課題に対して、これからどう倫理的に解決に向けた取りくみをなしていくのか、その課題に潜む人間の深層心理、思想から実践に至るところまでの道筋をともに考えたい。

本書は２０１５年10月28～29日にニューヨーク、カーネギー・カウンシルで開催された上廣・カーネギー・オックスフォード国際倫理会議「地球温暖化――環境倫理とその実践――」を下地とし、発表内容や対話の記録を再構成して、ここに出版の運びとなった。

会議の冒頭に、ステファン・ガーディナー（Stephen Gardiner）教授（ワシントン大学）が「未来に対する集合的責任」と題して気候変動の倫理的責任について、個人の責任と集団的（国家的）責任のふたつのレベルから、空間的・時間的の双方で集合的合理性と個人的合理性が対立する構造を指摘し、今求められている責任モデルの定式化（DMS）の困難さを示した。会場からの質疑により現在の責任転嫁と道徳の崩壊がもたらす危険、倫理的失敗についても強調され、歴史・経験的に、または戦略的な合意のもと世代間で継承されるべき集合的責任をめぐり会議の基調となる議論がなされた（本書未収録）。

日本からの登壇者として最初に桑子敏雄教授（東京工業大学、現東京女子大学）から、東西の自然・哲学をふまえた自然と人間の関係、空間と身体の把握など環境哲学分野での個性的な研究手法が提示された。さらに地域の合意と対立の原型モデルとして日本の神話を用い、空間の履歴の把握による合意形成、地域に深く根ざす倫理的課題解決につなげる実践例を示した。グローバルコンセンサスへの適応など議論が止まなかった。

エヴァン・ベリー（Evan Berry）准教授（アメリカン大学）は、人びとの消費習慣、経済政策、技術的能力が、人間や動物など生態系全体に予測不可能な有害な影響を及ぼすこと、個人やコミュニティ、あるいは国家や社会によって、世代間正義や道徳的責任、文化的なHarm（危害）に対する個別の観念が存在することから、気候変動は特定の方法で解決できるひとつの問題ではないことが論じられた。

午前の最後はガイ・カヘーン（Guy Kahane）オックスフォード上廣応用倫理センター副センター長（オックスフォード大学）による「気候変動と非同一性問題」の発表で締めくくった。デレク・パーフィット（Derek Parfit）が提唱した「ノン・アイデンティティ」という概念のもつ「アンサーテンティ（不確実性）」について、またそれがどのように気候変動と影響関係にあるのか、最も質疑応答が活発化した。気候変動では世代間倫理という問題が議論されるが、まだ生を受けていないものに対する倫理を考えることの難しさを、非同一性問題は指摘している。議論は気候変動と倫理についての基調となる議論から、倫理的・道徳的哲学からの人間がとりうる責任・行動について回路を広げ、空間（場）やテーマについてフォーカスされていった。

午後は、まずピーター・ヒギンズ（Peter Higgins）教授（エジンバラ大学）と高野孝子教授（早稲田大学）が、本会議の課題のひとつでもある教育の側面から倫理的課題解決への糸口を開いた。

ヒギンズ氏はエネルギーや資源利用といった日常の行動から地球的な意味への理解を深めること（地球的関心）について、いかに〝場〟への関心を育てるかが重要であること、その教育の役割、バランスを取り戻すためのコミュニケーションの役割について論じた。続いて高野氏はこれまでの環境教育が気候変動やサステナビリティなどの倫理を伴う問題への解決に至らなかった構造を明らかにした上で、人間と人間以外の自然界の関係に言及し、社会的・生態学的に持続可能な社会を築くための理解と行動を育てる「場に根ざした教育」について、日本の農村コミュニティ、ミクロネシアの島などの実際のプログラムを通じてその可能性を提示した。前半とは異なり、実践（この場合環境教育）に関わる質疑が活発に交わされた。

デール・ジェーミソン（Dale Jamieson）教授（ニューヨーク大学）が、人為的に引きおこされた気候変動がもたらした、自然システムの支配者として君臨する人間が直面している問題は、空気中の二酸化炭素濃度の安定化や削減ではなく、地球を変えるための動態的なシステムと生産的関係に生きること、〝the green virtues〟という価値観に焦点をあてて生きていくことであると主張したのに続いて、豊田光世准教授（新潟大学）はその方法論を明確にした。日本で連続的に発生した激甚型の気候変動による洪水被害の事例をもとに、そもそも災害・天災の概念やその違いがもたらす倫理的な側面について触れ、いかに責任の概念を理解するかが重要であることを指摘した。責任に対する異なる解釈をめぐり問題解決に向けた対話を導くための実践のありかた、（新潟県佐渡島トキの保護、共通の資源としての川をめぐる）合意形成のメカニズムについて実例を示した。

初日はイングマー・ペルソン（Ingmar Persson）教授（ヨーテボリ大学）による「気候変動——最も困難な道徳的挑戦」で総括された。わたしたちは道徳的選択をおこなえるか、理解を高めるための地球的な協力関係を構築することができるのか、それを困難にしている道徳的心理学の現況について明らかにした。

2日目はグスタフ・アリニアス（Gustaf Arhenius）教授（ストックホルム大学）が未来に影響を与える現代にとりうる道徳的な選択について、核廃棄物の事例を用いて問題定義し、人口倫理学の見地から規範的考慮や原理について、将来世代を考慮にいれるかたちで価値論的に検討を加えた。人口倫理学を支える適切性条件をすべて充たす理に適った理論は存在しないが、特定のメタ倫理学的議論の可能性をも示唆するという意味では、異なる未来への道徳的評価を検討する意義について質疑応答で展開された。その後、吉川成美（早稲田大学〔当時〕）が気候変動への適応策として過去から現代へ継承されている有機農業運動の「提携」による農業倫理とその教育的価値について発表した。市場原理に頼らない農家と消費者の倫理的互助関係は40年前に日本で着手され、現在ではむしろ欧米、カナダ、オーストラリア、アジアなどで家族農業を守る気候変動時代の適応策となっており、経済コミュニティが倫理的なつながりを創出していると指摘した。

最後にジュリアン・サヴァレスキュ（Julian Savulescu）教授（オックスフォード大学）が、「他者の目」が個人の行為に及ぼす影響の大きさについて心理学的研究をもとに示した後、いわゆる「恥」に基づく倫理が気候変動の環境倫理においてどのような意味をもちうるかを論じた。

2日目の午後はポール・ギャレイ（Paul Gallay）氏（リバーキーパー代表）を招き、ハドソン川の保全、飲料水としてニューヨーク市民へ供給するに至るプロセスとその成果をお話いただいた。１９８７年にはじまった環境運動を契機にニューヨークを拠点にハドソン川のみならず土地の保全に従事、２０１０年にリバーキーパーの代表に就任、現在はクラークソン大学ビーコン研究所で教育に携わっている。全参加者からはこの実践者への賛同と関心が高まった（本書未収録）。

２日間の会議は、倫理的・道徳的哲学からの人間がとりうる責任・行動について理念から場へ、実践例から未来への選択・適応策を模索するものとなった。最後に、サヴァレスキュ教授による「気候変動の解決には経済的な数値や、生態レベルを示す観測数値だけによらず、倫理的アプローチの顕示が必要である」という総括がなされた。今回は東西の哲学、倫理的な適応策が示された結果となり、凝縮された意義深い会議となった。

監修者　吉川　成美

目次

気候変動は単一の問題？

環境被害に関する文化に根づくさまざまな考えかた

エヴァン・ベリー

要旨

気候変動に対する宗教心や文化的伝統の役割に関する研究を基に、この論文では何が「環境被害」を構成するのかについての考えかたの相違を論じます。気候変動に関する国際政治の言説を代表例とするありふれた功利主義とは対照的に、わたしは異なる地域の社会が世界共通の要素と各民族固有の要素が複雑に入りまじった価値観にしたがって気候変動の影響を受け止めているとの意見をもっています。グローバル・サウス——とくにヒマラヤ山脈地方とアンデス山脈地方、およびカリブ海と南太平洋の島々——が直面するさまざまな適応の課題を例に、ここでは環境に対する見かたの文化的側面を取りあげます。環境への影響を基本的には同一の対応が取れるものと捉えるのではなく、環境への適応の取りくみには環境被害が及ぶ文化的および宗教的背景のより徹底した認識が必要となります。

緒言

国際社会に課せられた気候変動に対する大胆な行動への道徳的要請に対する反応がどうして盛り上がりに欠けてい

るのかを説明するために、多くの紙幅が費やされています。一言で言えば、気候変動の構造的原因は活発な世界的行動を阻んでいる構造的障害に似ています。つまり、CO_2排出から最も恩恵を受けている国々は、今までのところ、気候変動の影響をあまり受けず、したがって対応への行動を取るのに乗り気ではない一方、CO_2の大気中での蓄積にあまり関与してこなかった国々が不釣りあいに大きな影響を受けているものの、その抑制策を主導する力がないというのが現状です【1】。CO_2排出削減への積極的な取りくみを利己的に動機づけられるのは一部だけのことで、集団行動とグローバル・ジャスティスの重要性を説く道徳的論拠が中心軸となっています。気候変動には国際的な関心が必要です。というのは、全人類が影響を受け、富める者はもっとも脆弱な人びとを保護する義務を負うべきだからです。

これがごく大まかな倫理面から見た気候変動の構図で、多くの優れた哲学者が、そのさまざまな道徳的複雑さを詳細に考察してきました。しかし、こうした多くの著作で取りあげられたジレンマにも、正当に評価されていない面があるように思われます。具体的に言えば、国際的な集団行動は人間の幸福という世界的利益の擁護を目的としているという考えかたは、気候変動が単一の問題であるという前提に立っています。たしかに気候変動は人間生活の脅威となり、地球の健全な生態系を危険に晒しており、こうした意味では間違いなく行動を促すのに十分かつ包括的な要請になります。しかし、こうした行動は必ずしも単一ではありません。気候変動には単なるひとつの対応ではなく、複数の個別の対応が必要なのです。わたしたちは「気候変動」という呼びかたを、単なるひとつの課題でなく、一連の環境の状態や現在発生している生態系の課題を含めて使っています【2】。気候変動は地球の異なる地域に住む異なる人びとにとって根本的に異なる意味合いをもちますが、各々がこうした体系的な変化の程度と重大性を把握するために、自分たちの豊富な文化的知識を利用しています。

わたしの主張は、因果関係の面では気候変動はひとつの問題として適切に理解されていますが、その影響については統一の分析でまとめることは難しいというものです。気候変動の被害に関する倫理的な言説はさらに精査する必要があります。というのは、複数存在する環境の変化への対応が必ずしも概念的に相互に整合性が取れていないからです。気候変動は地球規模の問題ですが、適応政策に関心のある哲学者にとっては統一性の問題があるでしょう。別の言いかたをすれば、「異なる地域社会ごとに気候変動の理解のしかたもまったく異なっている状況は、グローバルな倫理で気候変動に取りくんでいる人びとにとってどの程度の障害になっているか？」を自問してみるのもよいでしょう。どうしたら倫理的枠組みが環境被害に関する文化的に固有な考えかたの多様性を適切に受けいれられるでしょうか？　わたしは限られた紙幅でこれらの問題に回答を出そうとは思っておらず、適応倫理固有の課題を明らかにする事例を検討できればそれで十分と考えています。

適応倫理の課題

大気中で温室ガスの蓄積が高まるとさまざまな望ましくない事象が発生することを示す証拠はたくさんあり、わたしはこれでも行動をおこすのに十分な根拠にはならないと示唆していると誤解されたくありません。むしろ、比較的明確な抑制策（たとえば、CO_2排出削減は多くの社会的および生態系の被害を減少させる一助になる）とは対照的に、適応の倫理的課題は概念上それほど理路整然としておらず、わかりにくいのです。ディビッド・シュロスバーグ（David Schlosberg）は次のように述べています。

クライメート・ジャスティス（気候正義）【3】に関する現在の意見の大半は、防止や抑制、あるいは気候変動への適応コスト配分の枠組みに重点をおいている。これでは、現に発生し、増大を続ける気候変動の地上への影響に対するわたしたちの実際の適応方法にいかに正義が適用されるかという重要な一面が、不十分のまま残されてしまう【4】。

抑制策は経済改革、消費者行動の変化および政治機構で構成され、その各々が世界中に恩恵を与えてきました。対照的に、適応策はどうしても各地方の環境条件に左右され、総括的な世界規模の解決策を示すことはほとんどありません。さらに言えば、適応の問題はグローバルな道徳基準だけで形成された倫理の分野ではないのです。気候変動に関する世界全体の政治的関与は、疾病率、死亡率、経済的豊かさ等を含む一連の「表面的な」価値観により統一されています。これらは気候変動の影響を計るには重要な基準であり、気候変動が発生させる被害の世界的分布を検討する際の便利なツールとなります。しかしこうした基準は必ずしも特定の地域社会が自分たちの生態系に何がおこっているのかを理解する方策にはなりません。

文化的背景というものは、それぞれに異なる地域社会が環境条件の変化を理解し、対応する方法を形づくります。世界中で農家、漁師や自分のまわりの資源を使う他の職業に従事する人びとは、人間活動に起因する大気中のCO$_2$蓄積の知見とは別に、変化する生態系のパターンをつねに見分けています。こうしたグループの多くは、とくに気候条件や動物の変わった動きに気を配りながら、伝統的な生態学知識（一般的にTEKと呼ばれています）を頼りにまわりの変化を把握しています【5】。こうした問題に対する現実の人類学的観察が、環境のプロセスを知り、理解する文化的に特異な方法に関する広い知識の集約をつくりあげてきました【6】。こうした各地域文化に合致した生態系の知識はしばしば大気科学の高い知見と結びつけられます。これらの知識と各地域に特有の考えや価値観のリンクによるものです。

多くの地域社会は固有の環境条件と密接に関係しながら発展してきましたが、たいていはその文化的歴史の全体を通して、環境条件が比較的安定していました。文化そのものは適応し、人間の生命を維持し、経済的豊かさを確保するために強力な対策が適切に取られているような場合でも、気候変動は簡単に測定できない方法で生活様式を著しく妨害するおそれがあります。しかし文化的に固有の環境に対する見かたのなかで最も重要なのは、特定の風景や生態系プロセスを神聖と見なす側面です。地球のいたるところで人びとは山林や川を宗教的に敬っています。こうした考えを表す声となる言語とコミュニティの生活や幸福にこれらの考えかたがもつ意義は各地域で大きく異なり、それぞれの神聖な景観への崇拝をどこまで有意義に比較できるかは疑問です。ひとまず気候変動の文化的影響は膨大だというだけで十分でしょう【7】。政策立案者と哲学者は、環境の悪化が幻滅を引きおこし、文化的権利の縮小をもたらす未来を生きていくのにつきものの倫理的複雑さをまだ完全に理解していません。わたしたちが、たとえ気候変動を抑制するために集団的に行動したとしても、環境にとって良いこととは何か、悪いこととは何かについて、経済的枠組みとは違う面から判断する考えかたを無視してしまうなら、成功を収めたと主張できるのかどうか、わたしは疑問に思います。経済的枠組みはありふれており、また国際的な気候関連政策機構を方向づけているものです。

気候変動に関する地域を超えた見かた

環境被害に関する各地域での特徴的な考えかたによって、同じような環境面の影響に対して非常に異なる適応策が取られるというわたしの主張の説明に、ふたつの短い比較事例が役立つと思います。ここでの目的は、わたしたちが適応は文化的に特異な環境に関する価値観に基づくべきだという点を認識するか、少なくともこうした価値観を十分に検討するときに出てくる倫理的複雑性を示すことです。

気候変動の影響として最も一般的に引き合いに出される事例が、氷河の融解です。環境変化の一形態であり、ますます速度を速め、北極圏上、あるいは熱帯にある氷河地帯に甚大な影響を及ぼしています。アンデス山脈地方に約1億2千万人、そしてヒマラヤ山脈地方に2億人以上が住んでおり、氷河の融解は著しく大きな影響を及ぼすことになるのですが、わたしたちはこうした影響をどう理解すべきなのでしょう?

アンデス地方では氷河は「超自然界の幸福」を反映する一種の「宇宙観への玄関口」になっているといわれています【8】。氷河への近接さと関連した文化的伝統――重要な宗教儀式から氷河の氷でつくられた伝統的な飲料にいたるまで――が失われる状況はアンデス地方の社会では深刻です【9】。アンデス地方における水源としての氷河への依存は、中南米の太平洋沿岸の乾燥地域で急速に発展する都市部の旺盛な水需要によって、さらに強まっています。南米でもそうですが、ヒマラヤ地方でも、峰や氷河は神の住処です。この地方の生態系管理においては、神への祈りを環境とのかかわりあいに特有なものと考えるのが当然となっています【10】。氷河湖の破裂による洪水（GLOFs）の問題は多くの氷河地帯に共通の脅威ですが、大雨や洪水がしばしば神の天罰という神学的枠組みで捉えられるヒマラヤ地方ではとくに危険なものです。便宜上の理由で、ローカルなレベルでの適応の努力は、宗教的な信仰や文化的な慣習と切り離すことができないという前提に立つべきです。

気候変動の前線におかれるコミュニティに関する議論では、しばしば脆弱な文化の「代理」として、南太平洋の海抜の低い環礁が取りあげられます【11】。大半が南太平洋とカリブ海にある40の発展途上の小島で構成されるグループは、国連気候変動枠組条約（UNFCCC：United Nations Framework Convention on Climate Change）の範囲内で、自分たちの対策を調整しています。これらの国々のコミュニティは一連の共通課題に直面しています。この共通課題には、世界中の沿岸地帯のコミュニティが影響を受ける海水面の上昇、ますます頻繁、かつ強力になる熱帯暴風雨、および陸上の淡水資源への塩水の進入などが含まれます。これらの共通課題は多国間の協力を生みだしてきましたが、そうした団結にもかかわらず、南太平洋とカリブ海の社会が直面している適応課題には、他の地域のそれと重大な相違があります。地域の多くのコミュニティが海抜の低い環礁に住んでいて、さまざまな気候に関連する環境問題によって危険に晒されており、いくつかの地域においては、原爆実験、リン酸塩採掘や魚介類の乱獲など、以前から存在する生態系への関連課題で状況がさらに深刻になっています【12】。南太平洋は地理的に特異な地域で、域内諸島のコミュニティは島々の間に広い海がある場合が多いため、よりはっきりした独特の言語的、文化的および宗教的伝統をもっています【13】。カリブ海地域にも南太平洋地域と多くの共通点があります。この地域は著しい文化的多様性と熱帯暴風雨の増大や海水の酸性化の被害にも直面しています。両方の地域で気候変動が地域外への人口流出と地域内の移住のおもな原因になっています。またカリブ海地域では気候変動がその脆弱な経済をさらに不安定にし、漁業と農業を含む伝統的な生計の基盤を蝕んでいます【14】。

結論

気候変動に関する行動の国際的コンセンサスが「表面的な」価値観を中心に形成されるのは妥当ではありますが、進行する気候変動に関する道徳的内省は文化的固有性に基づく「内面的な」価値観を考慮にいれた、より繊細な国際性が求められます。多くの場所で「表面的な」価値観と「内面的な」価値観は重複するかもしれませんが、こうしたふたつの道徳に関する階層が比較できない場面では、不一致に対するさらに深い配慮が必要となるのは明らかです。

UNFCCCの交渉は、気候変動のさまざまな影響に取りくむふたつの主要な体制を生みだしました。損失・被害に対するワルシャワ国際メカニズムと、グリーン気候基金です。こうした政策の重要な詳細はさておき、基本的メカニズムとしては、各地方や地域への環境被害は金銭的に救済でき、環境被害は本質的に代替可能であるという原則で運営されています。しかし、たとえば文化的記憶の消失あるいは神聖な場所の破壊といった代替不能な被害はどうなるのでしょう？ こうした問題には単純な回答はありませんが、気候変動関連事項に人権の枠組みを拡大するのが適切な出発点と思われます。環境問題による強制移住は国連難民条約の範囲に入っておらず、宗教や文化的権利への環境被害に関する法理学も確立されていません【15】。

地球倫理の分野は長期間にわたり道徳の非整合性の問題に取りくんできているので、この分野の学者は、環境に対する文化的に個別の価値観を尊重し環境国際性をまとめる一助になれる好位置にいます。気候適応への倫理の大きな可能性は、異文化間における道徳観の相違についてのすでに開かれている対話のなかに存在します。したがって、環境倫理学者が気候変動の被害に関する各地方の知識を自分たちの考えかたに採りいれることを勧めます。社会的に意味のある哲学の営為が規範の面で説得力をもち、政治的意思決定者と草の根の賛同者両方にとって有形の利用価値をもつためには、「多様な人間のもつ価値観と願望を反映する地球の現在と未来の複合的な姿を映しだす」必要があります【16】。

注

1 たとえばShue, Henryの「最低限の排出と贅沢な排出」"Subsistence Emissions and Luxury Emissions." *Law and Policy* 15:1 (January 1993) 39-60; あるいはStephen Gardinerの「完全な道徳的嵐：気候変動の倫理的悲劇」(*A Perfect Moral Storm: The Ethical Tragedy of Climate Change*. Oxford: Oxford University Press, 2011). を参照。

2 Hulme, Mike.「何故気候変動に意見が合わないのか」*Why We Disagree About Climate Change*. Cambridge: Cambridge University Press, 2009.

3 クライメート・ジャスティスとは、先進国に暮らす人びとが「石油や石炭などの化石燃料を大量消費してきたことで引き起こした温暖化への責任を果たし、すべての人々の暮らしと生態系の尊さを重視した取り組みによって、温暖化を解決しようとするコンセプト」(ＦｏＥ ＪＡＰＡＮオンダンカクサ クライメート・ジャスティスとは?・http://www.foejapan.org/climate/justice/whats_1.html より)。

4 Schlosberg, David.「クライメート・ジャスティスと能力：適応政策の枠組み」"Climate Justice and Capabilities: A Framework for Adaptation Policy." *Ethics and International Affairs* 26:4 (August 2012), 446.

5 たとえばWhyte, Kyle P.「協力的概念としての伝統的な生態系関連知識の役割について」"On the role of traditional ecological knowledge as a collaborative concept: a philosophical study." *Ecological Processes* 2:7 (December 2013), 1-12. 参照。

6 Crate, Susan.「気候と文化：世界的気候変動時代の人類学」"Climate and Culture: Anthropology in the Era of

Contemporary Climate Change." *Annual Review of Anthropology* 40 (2011), 175-194; および Wolf, Johanna and Susan Moser.「気候変動に関する個人の理解、認識および関与」"Individual understandings, perceptions, and engagement with climate change." *Wiley Interdisciplinary Reviews: Climate Change* 2:4 (Winter 2011) 547–569.

7 Figeroa, Robert Melchior.「先住民と文化的損失」"Indigenous Peoples and Cultural Losses" in *The Oxford Handbook of Climate and Society.* J. Dryzek, R. Norgaard, and D. Schlosberg (eds.), (Oxford: Oxford University Press, 2011.

8 Gagne, Karina; Mattias Borg Rasmussen; and Ben Orlove.「氷河と人間社会：特性、認識と評価」"Glaciers and society: attributions, perceptions, and valuations." *Wiley Interdisciplinary Reviews: Climate Change* 5:5 (Fall 2014) 793-808.

9 Jurt, Christine; Maria Dulce Burga; Luis Vicuña; Christian Huggel; and Ben Orlove.「気候変動議論に対する各地域の認識：アルプス地方とアンデス地方の事例研究の考察」"Local perceptions in climate change debates: insights from case studies in the Alps and the Andes." *Climatic Change* 10:5 (2015)

10 Sherpa, Pasang.「ネパール・エベレスト山脈地方のシェルパによる気候変動に対する組織的な適応努力」"Institutional Climate Change Adaptation Efforts Among Sherpas of the Mount Everest Region, Nepal." *Research in Economic Anthropology* 35 (2015), 3-23.

11 Lazarus, Heather.「海洋変動：島々のコミュニティと気候変動」"Sea Change: Island Communities and Climate Change." *Annual Review of Anthropology* 41 (2012) 285–301.

12 前掲書中。

13 Adger, W. Neil et al.「ここがその場所のはず：気候変動に関する意思決定における認識と意味の過小評価」"This Must Be The Place: Underrepresentation of Identity and Meaning in Climate Change Decision Making. " *Global*

Environmental Politics 11:2 (January 2011) 1-25.

14 Scott, Daniel, Murray Charles Simpson, and Ryan Sim.「気候変動関連の海面上昇に対するカリブ海沿岸部観光の脆弱性」"The vulnerability of Caribbean coastal tourism to scenarios of climate change related sea level rise." *Journal of Sustainable Tourism* 20:6 (Fall 2012) 883-898.

15 Biermann, Frank and Ingrid Boas.「温暖化世界への備え：気候変動難民保護の世界的管理体制に向けて」"Preparing for a Warmer World: Towards a Global Governance System to Protect Climate Refugees." *Global Environmental Politics* 10:1 (January 2010) 60-88.

16 Castree, Noel, et al.「知的風土を変える」"Changing the Intellectual Climate." *Nature Climate Change* 10:8 (August 2014) 763-768.

気候変動と人間の道徳的心理

ガイ・カヘーン

気候変動に関する倫理上の問題はしばしば被害という観点から論じられています。だから人びとはわたしたちの行為（および無為）が未来世代に深刻な被害を与える形で環境に影響を及ぼしているとか、わたしたちは未来世代に残すべき天然資源を消費しているので彼らにつけを払わせているという意見が出てくるのです。気候変動や炭素排出への対策を難しくしている原因のひとつは、わたしたちの行為が被害を与えているにしても、他人に被害を与える典型的な形とは非常に異なっているからだということを、ここにいる多くの方々が指摘してきました。仮に被害が発生しても、それがあたかも前代未聞の技術的休止によって何百万もの人間が一斉に行動した結果のように見えるためです。この重要な問題についてはは話そうと思えば話すべきことがもっとたくさんあります。

わたしはこれから、気候変動の倫理が常識的道徳から逸脱していると思われるような、より過激な方法についてお話しますが、それはこの問題がまだ存在していない人びと――つまり未来世代――に影響を与える行為に関係するばかりでなく、誰が存在するようになるかを決める行為にも関係するからです。そしてこれはオックスフォードの哲学者デレク・パーフィット（Dereck Parfit）が名づけて有名になった「非同一性問題」（non-identity problem）を発生させます。この問題は、今わたしたちが取る、あるいは取らない行為が本当に未来世代に被害を与えるようになるという一般通念に対して、より基本的な疑問を投げかけると思います。

ここでわたしがやろうとしているのは次のようなことです。非同一性問題を紹介しますが、これをよく知っている方もいればあまり詳しくない方もいるのは承知していますので、度が過ぎない程度に簡潔にします。まず最も注目されている生殖倫理に関連してこの問題を紹介します。この問題についてジュリアン・サヴァレスキュ（Julian Savulescu）氏と共同でかなり多くの研究をおこないました。つぎにこの問題がすこし違った形で気候変動に関しても発生する状況を説明し、十分な調査に基づくとは言えませんが、提案された非常に多くの解決策のいくつかを取りあげます。なお、最初の部分は、皆様にこの問題を提示してその実際的な重要性の概略を理解してもらうとともに、40余年にわたる哲学的議論を経てもなぜこの問題への解決策が合意されないのかの概略も理解してもらうためのものです。新しい取りくみと解決策が次から次へと提案されてきています。

また最後には、倫理的不確定性について、従来の議論よりも独創的で実質的なことをお話できればと考えています。非同一性問題は、ジョン・ブルーム（John Broome）が著書『気候変動の諸問題』（*Climate Matters*）のなかで、気候変動に関する多くの倫理的疑問から生じる倫理的不確定性と呼ぶ範疇の一例です。ブルームが提案するこの問題への対応についても触れますが、非同一性問題に関してより具体的な提案で講演を締めくくりたいと思っています。さきほど述べたように、わたしは長年にわたり、生殖関連で非同一性問題を考察、研究してきて、つねにより広く知られるべき、重要で、単純かつ意義のある哲学的例があるとすれば、それは非同一性問題だと考えてきました。しかし今回の講演の準備をする過程でそれが誤りだと思うようになりましたので、哲学者は非同一性問題について何も言わないほうがいいのではないかという意見で締めくくりたいと思っています。これがどういう意味かはのちほど説明します。

非同一性問題とは、どんなときでも実際に誰が存在するようになるかは偶発的な、大きな運によるという事実――つまり一部の人たちが存在の不確実性と呼ぶ、わたしたちの存在に関する性質――から発生するのです。わたしたちは一人ひとり、それぞれの受胎プロセスの加減がほんの少しでも違っていれば、別の誰かが存在するようになっていたでしょう。

そして控えめに言っても、別の精子が別の卵子を受精させたか、わたしたちの両親か祖父母がお互いに会わなかったか、また産業革命なしに、それでもなおわたしたちが存在できていたかは非常に疑わしいところです。そして、この直接的ながら注目すべき経験的事実が、いくつかの驚くべき結論を導きだします。生殖倫理の観点からこの例を考えれば理解いただけると思います。たとえば三日はしかが流行し、ある夫婦が今の時点で子どもを宿せば妻が三日はしかにかかり、赤ん坊は先天的なはしかをかかえ、目と耳が不自由でかなりの障害をもって生まれてくる状況を想像してみてください。しかし数か月経てば、流行は収まりその夫婦は健康な子どもをもてるのです。この夫婦が流行の収束まで待たないのは非常に誤っているように見えます。そこで問題は、その理由の説明です。というのは、子どもを産むのを少しの間待たないのは重い障害をもった子どもを産む結果になりますが、同時に誰が存在するようになるかを決めることにもなるのです。そこでもし夫婦がもう少し待てば、健康な子どもを産めるでしょうが、それはもちろん、待たなかった場合に生まれてくる障害児に何の恩恵も与えるものではありません。というのは、別の子どもの存在につながってしまうからです。したがって、今の時点で宿している障害児は夫婦が待つことでどんな恩恵も得ず、より幸福になるわけでもありません。そしてこの障害児が、夫婦の「待たない」という決定によって被害を受けたとは実際には言えないように思われます。

そしてこれは一種の正式な議論として説明できます。まず行為というのは、それが他人に被害を与える場合にのみ誤っているという一見妥当な前提からはじまり、上記の夫婦が待つのを拒んだことを考えても、結果として生まれてきた障害児に被害を与えていないので、誰も被害を受けていないように思われます。というのは、そうでなければその障害児は存在しないし、かつ生めたかもしれない健康な子どもも、その子ども自身が存在しないので、被害を受けていないからです。

さらにこうした前提はわたしたちを、「夫婦の行動は全然誤りではない」という、多くの人には受けいれがたい驚くべき結論に導いていくと思われます。生殖関連では、どちらの子どもを産むかを選択できるより直接的な事例がたくさんあり、ここでも同じ問題がおこります。

繰り返しますと、生殖関連のほうが環境や気候変動関連よりはるかに大きな注目を集めてきましたが、これから後者の話に入りたいと思います。

ここで存在の不確実性に関する点にちょっと戻りますが、これはたとえば気候変動抑制のような、大規模な政策や集団行動に関しても適用されます。というのは、デレク・パーフィットが何十年も前にはじめてこの問題を体系的に紹介したときに述べたとおり、こうした大規模な政策はほとんど即座に将来誰が存在するようになるかの特定に影響してくるのです。なぜなら、こうした政策はどのカップルが出会って結婚し、子どもを産むかどうか、また産むならいつにするかを変えてしまい、日常生活に影響を及ぼすからです。したがって、わたしたちがそうした政策を選んだだけで、長い時間が経過するとまったく異なる人びとが存在するようになるのです。

これは、わたしたちがそうした政策を選ばず、また気候変動になんら対応策を取らなかったために被害を受ける多くの人びとは、わたしたちがその政策を選べば存在すらしないことを意味します。ここでもわたしたちにはふたつの選択肢があり、そしてわたしたちが何もしなければあらゆる被害や死、さらに苦難などある意味で非常に悪い結果となりますが、この行為自体により誰が存在するようになるかも決まるのです。だから、わたしたちが気候変動を防ぐか、抑えるために大きな犠牲を払えば、結果は良くなりますが、これはわたしたちが何もしなかった場合に存在したであろう人びとにとって良くなるわけではなく、わたしたちが何もしなくても、実際のところ直接的な意味でこうした人びとに被害を与えるとは思われません。

これも基本的には、障害児の三日はしかの例と同じように、明快な議論の形で説明できます。気候変動の場合はすこし状況が異なり、わたしたちが今発生させており、実際には防止できる被害は、すでに存在している人びと、今後20年、30年にわたり生きる人びと、またこれから生まれようとしている人びとにも及ぶので、結論としては何もしないのは全然誤っていないというのではなく、大きな犠牲を払わなくとも、わたしたちが考えているよりはるかに軽い程度の誤りしか犯していないということになると思われます。

「異なる政策により同一性がどのくらいの速さで影響を受けるのか」という興味深い実証的問題がありますが、わたしが知る限り、この問題は真剣に検討されたことがなく、その重要性を考えるとすこし不可解です。わたしたちが取る、あるいは取らない多くの行動により、20年、30年、40年先に一定の人びとに被害を与えるにしても、その時点に存在している人びとの多くはこれらの政策が選択されなければ存在していないでしょうから、わたしたちは思っているほど多くの人びとに被害を与えていません。問題はすべての人が「後を継がれた」100年、150年とか後になってはじめておこるのではありません。

生殖の場合と非常に異なると指摘されているのが、わたしたちが選ぶ異なる政策によって、長い間でみれば、同一性への影響が早く出たり、遅く出たりする点です。もちろん、もし世界中の人びとが肉を食べる量を大幅に減らせば、これはつぎに誰が存在するようになるかにすぐに影響するでしょうが、もし地球工学的な政策を選んだ場合、ほぼ間違いなく同一性への影響が出はじめるにはより長い時間がかかり、この点は興味深い倫理的意味をもつと思います。しかしこれを議論する時間はありません。こうした問題が今まで大きな注目を集めなかったのは不思議だということだけを指摘しておきたいと思います。

さて、非同一性問題で提起された課題は、もしこの議論が示すように、何もしないほうが未来の世代に被害を与えると言えないのであれば、気候変動の悪影響を防止するために何もしないのがなぜ悪いのかの説明です。そしてこれは多くの人びとが支持したいと思う結論ではありません。

少し補足をすれば、環境と気候変動に関しては、この問題が遡って適用されることもあります。欧米の多くの人びとは産業革命やその成果から大きな恩恵を受け、こうした過去の出来事が環境にも影響を及ぼし、今まで発展途上国の人びとに被害を与え、またこれからも被害を与えるだろうから、そうした被害を是正する義務があるとの考えが一般的です。これはしばしば受益者負担の原則と呼ばれます。

しかし、ここでも同一性に関連した事項を考えてみると、欧米の人びとが産業革命とその成果から恩恵を受けたといえるのか非常に疑わしいと思われます。というのは、それがおきなかったとしたらわたしたちは存在していないし、また同様に被害を受けたとされる人びと、あるいは被害を受けるだろうと思われる人びとについても同じことが言えるからです。だから問題は未来だけではなく、後戻りして適用されるのです。

したがって、これはある意味で非常に単純な哲学的問題で、簡単に説明でき、またすべての驚くべき、というか不安さえかきたてる実用的意味合いをもつ、哲学的発見です。多くの人たちがこの問題の解決策や対応策を打ちだしてきました。こうした解決策のなかには非常に複雑で説明が難しいものがありますので、すべてをここで論じるつもりはありませんが、気候変動に関連して問題への異なる対応方法が非常に異なる実用的意味をもつことを示すために、いくつかの解決策について短くお話しします。

ひとつの取りくみは——あまり支持されているものではありませんが——人格影響論と呼ばれるものです。ナーベソン（Narveson）が何年か前に提唱した、道徳規範は「人間を幸福にするためにあるので幸福な人間をつくるためにあるのではない」とのスローガンに、基本的にはしたがっています。この理論によれば、道徳規範は人間に影響します。つまり唯ひとつ重要なのは、わたしたちが現実の人びと（どのみち存在するようになる未来の人びとも含めて）に恩恵を与えているか、被害を与えているかだけです。つまり、どの人間を存在させるかは、わたしたちが他人に被害を与えているとか恩恵を与えているといえない限り、道徳的には中立的な決定ということになります。

基本的には、こうした理論はいわば苦渋の決断といえ、先に述べた驚くべき議論を擁護し、この理論を支持する人は不承不承ながらも、実際のところ、たとえ健康な子どもを産めるとしても障害児あるいは体の弱い子どもを産むことは誤りではないとの結論に達します。

この理論を支持する人はあまり多くありません。環境関連では、これはかなり強烈な実用的意味合いをもってくるでしょう。長期的な気候変動を防ぐためのわたしたちの犠牲をもっと思い切って少なくし、未来に存在する人びとではなく、現存する人びとが受ける短期的影響に重点をおくべきだという、さきほど見てきた直観に反する結論を提唱することにつながっていきます。

すでにお話ししたように、この理論を支持する人は非常に少ないです。これは大きく直観に反していると見なされています。すべての道徳的直観に懐疑的になりがちな人はたくさんいますが、こうした行為は誰にも被害を与えていないようだが誤っているはずだというこの直観は、厳しい批判的吟味を受けていないように思われ、こうした吟味に耐えられるどうかわたしは確信がありません。わたし自身としてはこの結論を受けいれるのは非常に難しいので、この最後の点を自分自身にもあてはめています。

もうひとつの理論は総量功利主義で、わたしたちが他人に恩恵あるいは被害を与えるか否かに関係なく、未来に良いことを最重要視すべきだと説くものです。そしてわたしたちの行動が、存在するようになる人びとにも影響するという事実は、この理論では道徳的に関係ないので、極端に非人格的な倫理観です。どの特定の人間に恩恵あるいは被害を与えるかは問題ではなく、非人格的意味で世界を良くするようにただ努力すればいいという理論です。

この理論を支持するなら、非同一性問題を懸念する必要はありません。この理論は、仮に誰のためにもならないとしても、わたしたちは世界を非人格的に良くするために、今のような非常に厳しい犠牲を払うべきだと説いています。

お話ししたように、この理論によればわたしたちは非同一性問題の直観に反する意味合いからは抜けだせますが、別の多くの問題がおこります。一般論として功利主義は、非常に直観的な理論というわけではないのです。環境関連あるいは生殖関連でそうした理論を支持した場合には、固有の問題も出てきます。総量功利主義は、わたしたちがもっと子どもを増やす義務があることを示していると思われます。この考えの下では、非人格的な観点において〔訳注：人格を捨象した観点から見た場合〕、健康な子どもは障害児よりも良いのですが、障害児がいることは子どもが全然いないより非人格的に見て良いことなのです。そして、わたしたちが障害児も含めてもっともっと子どもを増やす義務があると考えるのは、まったく常識に反していると思われます。また総量功利主義は、パーフィットが名づけて有名になった「いとわしい結論」に達するのです。簡単に言えば、生きる価値がほとんどないような生命を無数に産むほうが、より少ない数の非常に優れた命を産むより良いという意味です。

パーフィット自身が一種の暫定的解決策を出していました。たしかに非人格的に良いほうを選ぶべきだが、それは同数の場合の選択にかぎるとするものです。これは単に生殖の問題自体といとわしい結論を避けるだけです。詳細はさしひかえますが、これは明らかに恣意的な制限で、同氏自身も明言しているように、単に問題への暫定的な対応です。

しかしとにかく環境に関しては、この解決策はあまり有効ではありません。生殖倫理では、わたしたちはこの子を産むかあの子を産むかの選択ができますが、環境政策に関しては、わたしたちが取る、あるいは取らないと選択した行為が必然的に、存在するようになる人間の数にも影響し、人口倫理の問題はどうしても避けられないのです。

これから最後の理論をお話ししますが、これはいままでの理論よりやや魅力的で支持されやすいと思いますし、わたし自身これに魅力を感じています。それは、こうした解決策から両方の要素を組みあわせてみるというものです。この理論では、存在する（またいずれにせよ存在するようになる）人に被害を与えないことがより重要になります。しかしわたしたちにはまた、非人格的な善を促進し、非人格的な悪を抑える若干の理由もあります。気候変動の関連に適用すると、この理論は、わたしたちには遠い未来の世界を良くするためにある程度の犠牲を払う理由があるものの、現在の苦しみや短期的な影響のほうに重点をおくべきだと提唱しているように思われます（ただし、どんな受け止めかたをするかによりますが）。しかしひとつの問題は、遠い未来の非人格的価値が非常に大きい場合には、現存、あるいは存在することになる人びとに関連する人格的影響を呑みこんでしまう点です。したがって、この「ハイブリッド」理論は最終的には、固有の問題全てを抱えた形の総量功利主義と見分けのつかないものに崩れてしまうおそれがあります。

いずれにせよ、以上が問題に対応しようとするさまざまな試みのなかの三つの例です。ここで取りあげる時間のない理論も数多くありますが、どれもが深刻な問題を含んでいます。また、いくつかは生殖関連にしか適用されず、気候変動関連では意味がないか応用できない解決策です。

ここまでわたしは、何が問題かの概要、どうしてそれが実際的に重要なのか、また哲学的議論の一般的な状況の説明に努めてきました。お話ししたように、約40年も議論が重ねられた後でもなお、この問題にどう対応すべきか、また実用的意味合いが何かに関してコンセンサスが得られていません。

以上、ジョン・ブルームが『気候変動の諸問題』（*Climate Matters*）という非常に優れた最近の著書で、非同一性問題とその意味合いをどう見ているかについて、興味深い点をすべて述べてきました。残された数分間では、この講演でわたしが触れたかった、より意義のある事項をお話します。哲学的ではなくより社会学的ですが、実用的意味合いも含んでいます。

ひとつブルームの著書でやや残念なのは、非常に多くの興味深い哲学的論点と論拠を挙げていますが、その後で気候変動に関連して重要な経験的不確定性があるように、重要な倫理的不確定性があることを強調している点です。その理由として、多くの解決されていない哲学的および倫理的問題が劇的な形で、環境に関して何をすべきかに影響しているとしています。そして非同一性問題は、ブルームが述べた不確定性の一例なのです。人口倫理、価値観とそれをどうまとめていくかの問題、生命の価値等に関しても数多くの問題があります。

その後に何が続くのでしょう？ ブルームが強調し、またここにいる多くの方々が非常に妥当で魅力的な論点と賛同するもののひとつが、政策には道徳哲学から多くのインプットが必要ということだと思います。したがって彼が言うように、「わたしたちは経済学者や科学者の定量的分析を指針とするべきですが、同時にわたしたちの分析は必ず正しい道徳的基盤に立つようにすべきです」。明らかにされ精査されるべき多くの規範的前提や意見があります。だからこの面で道徳哲学の重要な役割があるのです。

しかし道徳哲学のなかでも大きな倫理的不確定性や見解の相違があるので、道徳哲学者や倫理学者は権威のある解決策を提示できません。ブルームも、哲学者がやるべきなのは解決策の提示ではなく、政策立案者や一般大衆におもな倫理的問題点を紹介し、異なる道徳的検討や論拠を説明し、一般大衆や政策立案者に異なる哲学的選択肢があるのを認識させることだと提言しています。わたしは長年にわたり、ジュリアン・サヴァレスキュ氏がこの点を、実践的倫理とは何であるかについての一般的に魅力的な理論として提示しているのを聞いています。それは人びとに何をすべきかを指示するのではなく、しばしば一般大衆や政策立案者には過小評価されている倫理的また哲学的な複雑さに目を向けてもらうようにすることです。

ブルームのもうひとつの提案は、この倫理的不確定性やこれらの難しい哲学的問題に関して規範的なコンセンサスがない事実や、さらに気候変動に関して何をやるべきかについて合意が得られていない状況から、民主的プロセスによる決定が重要だとしています。彼は「民主的で公的な議論こそ、こうした倫理的不確定性に対処する唯一の方法」だと述べています。

これに対しては多くの意見があります。ここにいるかなりの方々がおそらく眉をひそめ、またかなりの方々が民主主義は解決策ではなくむしろこの問題の大きな部分だと指摘してきたと思います。非同一性問題と関連した倫理的不確定性にどう対応すべきかの問題について、より具体的に焦点をしぼっていきたいと思います。ブルームの考えは、非同一性問題やその意味、および提唱されている異なる取りくみや選択肢を、より広範な一般民衆や政策立案者に説明することが、道徳哲学にとり重要な仕事だというものです。

またお話ししたように、わたしもこの講演の準備をするまではそう考えていました。そして非同一性問題は哲学者によって——わたしの記憶では確かではありませんが、たしか約40年にわたり——さまざまな記事や著書を通じて議論されてきました。そして重要な形で生殖関連および気候変動と環境にも適用されますが、それでも哲学界の外ではほとんど知られていないのは驚くべき事実です。道徳哲学にとっては驚くべき、またおそらくばつの悪い事実です。

わたしは「気候変動と非同一性」の言葉とここに出席されておられる方々の著作も含め、およそ哲学記事や著書と名のつくものをグーグルで検索してみましたが、この問題に触れていたのはひとつの社会科学の記事だけで、この記事は問題を完全に誤解したものでした。哲学界では非常に広範に議論されていますが、外の世界では、説明が簡単で意味としても直接的な生殖に関する議論でさえ、まったく知られていないのです。非同一性問題に照らしてみると、まったく意味のない形で規定どおりに策定された法律や政策が見られます。たとえば英国では、この選択は子どもの利益にならないとの理由で誤りとされています。

今わたしたちがやるべきなのは――基本的にはブルームがその著書で述べているように――一般民衆に非同一性問題を紹介し、説明し、異なる選択肢を解説することだと思われるかも知れません。しかしこれについて、わたしには懸念があります。ほとんどの進歩主義者が、気候変動に取りくむには相当の犠牲が必要だという意見に同意する一方で、ご存知のように、進歩主義ではない多くの人びとがこの結論に抵抗を感じています。

今までのところ、こうした抵抗は基本的には科学的コンセンサスを無視した仮定の（またしばしば幻想的な）経験的不確定性にアピールしてきました。わたしは長期間にわたりこうした戦略を持続するのは難しくなり、そして規範や政策の問題に関する倫理的不確定性が気候変動に関連して今まで比べはるかに重要な議論の的になってくると思います。

非同一性問題がもし広く知り渡れば、気候変動に関して何も、あるいはほとんど何もしたくない人びとにとってかなり強力なツールというか、自分たちを正当化する強力な「理屈」になるというのが妥当な社会学的推測だと思われます。何といっても、非同一性問題は大きな犠牲を払わなくても、あるいは何もしない場合でさえ、未来世代には被害が及ばないことを示していると思われるのです。哲学界のなかにも、人びとに被害を与えることなく悪い結果につながる行為がなぜ誤っているのかについてコンセンサスがありません。さきほどお話ししたように、人格影響論はおおむね進歩的な道徳哲学界でもあまり人気はありませんが、わたしは倫理学界外の人びとがこの問題を知るようになれば、大きな犠牲を払うのを避けたいと考えている人びとの間で大きく支持が広がると予想しています。

もちろん、多くの哲学者が問題への解決策をもっていると考えていますが、そうした解決策はつねに「自分たちのやることは実際には今後の世代に被害を与えはしないが、それでも（なにか風変わりか、複雑か、議論を呼ぶような哲学理論がここに入り）の理由で、誤っている」というような形のものです。この論旨の最初の部分を把握し、受けいれるのは非常に簡単です。非同一性問題を説明するには精緻、綿密、あるいは異端な哲学的知見は必要ありません。しかしその次の部分の哲学的論旨は、それほど直接的ではありません。非同一性問題への解決策を提案するどんな理論もはるかに複雑な論争となり、拒絶するのがはるかに簡単になるでしょう。もちろん、広く受けいれられるような形で人格影響論に反論するための経験的データは無いし、ましてや強力な哲学的論拠などありません。

もちろん、ここでわたしが言ったことは気候変動の悪影響を抑えるために大きな犠牲を払うのをいとうべきではなく、未来世代は重要だと考える哲学者にだけあてはまるのです。この講演の暫定的結論は、これらの哲学者は非同一性問題に関して口を閉ざしているべきだというものです。したがって、わたしたちはこの問題を説明する一般向けの本を書いたり、政策意見書や公の討論会でこの問題を取りあげたりせず、ましてや一般民衆とより直接的に交流するような、たとえばＴＥＤ講演、ブログや目立つメディアへの露出は避けるべきです。

地球への愛着――「自分の居場所」への愛着をどう育んでいけるか

その居場所が地球の場合？

ピーター・ヒギンズ

要旨

エネルギーや資源の利用など、わたしたちの日常行動がグローバルにもたらす意味や影響に対する理解を深めていくことは、わたしたち全員にとっての課題です。こうした問題への対応を考えている教育者にとって、状況はグローバル化した経済、マーケティング、メディアや政治の影響によりさらに複雑になっています。こうした要因の影響に対するわたしたちの「無関心」の根底には、おそらく意識の欠如や無力感があり、あるいは簡単に言えば、地球を愛するのは難しいということかもしれません。自分たちの行動の意味合いを無視しがちなのは、おそらくわたしたちの数々の些細な、あるいは目に見えない行動とその結果が結びつかないか、単に「居場所」である地球だけでなく、わたしたちが基本的に依存する生物的・地理的・物理的システムに対する理解と愛情の欠如から来るのかもしれません。このプレゼンテーションは、こうした問題とバランスを取り戻そうとする試みにおける、教育、対話、コミュニケーションの役割を検討するものです。

緒言

わたしは環境とサステナビリティ教育への経験的取りくみに関連する広範な分野に従事していて、基本的には学際的な人間です。このプレゼンテーションにおいても、地球の気候変動をサステナビリティに関係するより広範な問題の一部として捉えられています。

コンセプトとしてのサステナビリティは、当然ですが、人間中心的です。サステナビリティの問題ではない「人間の問題」はたくさんありますが、「人間の問題」ではないサステナビリティの問題はありません。これは原因に関するという意味であり、わたしたちだけでなく他の多くの種と生態系に及ぶ影響についてではありません。近くにあって好きだと感じるものにわたしたちが被害を与える可能性は低い、という考えかたを求めるなかで、このプレゼンテーションは実際のところ、わたしたちと惑星との「親密さ」の観念、およびどうしたらこうした感情を育めるかに関するものです。本来の居場所（a sense of place）の重要性については多くの著書がありますが、その居場所が地球の場合、「自分の居場所」への愛着をどう育んでいったらいいのでしょう?

「地質の変化」

気候変動とサステナビリティを議論する際、地質学上の時間と地球のプロセスは重要な視点を提供します。たとえば「過去の地球はどんなだったのだろう?」「地球の未来の姿は?」「わたしたちは地球のプロセスにどんな影響を与えているのだろう?」という質問は、その視点の根本をなすものです。スコットランドでの地質学上の発見は、最も成功した「地球の理論」と「ディープ・タイム」の考えかたにつながり、また地質学的思考の進化の歴史にとって最も意義のある場所がほぼ間違いなくエディンバラの約50マイル東のシカー・ポイントであることを導きだしました。「現代地質学の父」として広く認められている、スコットランド人の地質学者ジェイムズ・ハットンは、18世紀末にこの沿岸部の露頭を訪れました。地層の向きの明らかな相違とその間の「断絶」(今では約7千万年間であることがわかっています)が、地質年代の膨大さに関する同氏の考えかたを支持する明確な証拠を提供し、同氏による1788年の論文「地球の理論」につながりました。この論文は「したがって、我々の現在の調査結果でははじまりの痕跡も、終わりの展望も見つかっていない」という、非常に記憶に残り、かつ何回も引用された言葉で締めくくられています。ハットンの研究は、もうひとりのスコットランドの地質学者チャールズ・ライエルの『地質学原理』(1830-33)に基盤を提供しました。この論文は、ハットンの「ディープ・タイム」という考えかたを有名にし、またチャールズ・ダーウィンが進化論を展開し、1859年に「種の起源」を著わすのに不可欠なものにもなりました。これらの哲学者は、今日わたしたちが直面しているサステナビリティ問題の理解のために必要な「科学的パラダイム」を例示しています。「6番目の大規模絶滅」に向かっているように思われるなか、彼らの研究は、現在進行中の地球気候の変化のスピードと種の絶滅率との対照的な時間的尺度を提供しています(最新の批評についてはMonastersky 2014を参照)。

彼らが活躍していた時代には、種としての人間が地質学的規模での影響力をもてるようになるなどと考えも及ばなかったでしょう。しかし地球へのわたしたちの影響をさらに理解するようになると、「人新世」の考えかたが広く認められるようになりました。これは、わたしたちがもし遠い未来から振り返ることができれば、都市をつくるための地層掘りおこしや工業活動をおこなうための燃料使用等、また大量絶滅、さらにこれによる化石の記録の変化などにつながる危険な気候変動のような他の影響を含め、わたしたちが地球にもたらした変化の確固たる証拠で構成される地質学上の画期的出来事に相当するような状況が見られるだろうという考えかたです。この用語は１９７０年代から使われてきましたが、クルッツェン（Crutzen）とストーマー（Stoermer）によって、２０００年にはじめて出版されました。

このコンセプトを基に、キャサリン・ユーゾフ（Kathryn Yusoff）が「地質の変化」を提唱するようになりました（Yusoff 2013, p. 779）。これは基本的に「人新世」における主観化の重要な様式として「わたしたちの生物学的（あるいは生政治学的）な生命だけでなく、地質上（あるいは地質政治学的）の生命」も重視した思想や行動です。そうすることでユーゾフは、プリモ・リーバイ（Primo Levi）が優れたエッセイ「カーボン」に記した考え（Levi 1984, pp. 224-233）を、再度述べています。このエッセイにおいてリーバイは、地質学的な時間の流れのなかで単一のカーボン原子の歴史を想像して、その原子の不変性を表現しながら、またそのまったく同じ原子によって氏の脳のシナプスが刺激されて、そのエッセイ自体を書く創造的作業がおこなわれているとしています。そうすることでリーバイは、わたしたちが地球の地質上（また光合成上）のプロセスの一部であることを示しています。

こうした「想像力を生かした」取りくみは、サステナブル（あるいはアンサステナブル）な未来へのわたしたちが取れる集団行動を検討する際に価値があり、また『愚か者の時代』（アームストロング 2009）という映画——これは主役が２０５５年という未来の時点から気候変動で荒廃した世界を回顧するものですが——や他のメディアで使われ、効果を上げています。映画のフィクションの部分はドキュメンタリーと組みあわされて、多くの気候変動の危険な面と、わたしたちの化石燃料への依存を表現しています。この映画の視聴者のサステナビリティへの考えかたとその行動は、２０１１年までに調査されています。

どんな主要な価値観が人びとにサステナビリティの重要性を認識させ、それにしたがって行動するのに役立つのでしょう?

当然ながら、これはかなりの期間サステナビリティの議論を混乱させている問いです。とくに危険な気候変動の意味をふまえ、変動の証拠と知見を普及して行動を促進しようとする努力について考えるなら、わたしたちの主要な問題への取りくみはかなり進んでいると考えるのが妥当でしょう。しかし、実際のところ進歩はわずかなものです。どうしてでしょう? 個人レベルでも社会レベルでも、さまざまな説明材料はあります。たとえば——

1 わたしたちが本当は気候変動の危険、生物多様性の消失などの証拠を信じていない。現代生活を支える科学は信用しても、この分野の科学を信用していない。

2 わたしたちは科学と科学的パラダイムを理解していない(言い換えれば、科学者が間違っていることもあるので、それが新しい見解につながる場合もあると考えている)。あるいは、わたしたちは統計を理解していない(たとえば「わたしたちが95%の尤度《ゆうど》で気候変動を発生させている」という表現は、実際のところ「そうでないと証明されない限りたぶんそうなのだろう」という意味になる)。

3 わたしたちが問題を認識していない——問題はわたしたちに見えないか、非常にゆっくりおこっているので本当におこっているように見えない。基本的にはわたしたちは物事を経験的に把握するので、気候変動や生物多様性の消失に気づかないことを、わたしたちが直接の経験を通じて認めるのは難しい。最も有名な例えはデイビッド・スズキ(David Suzuki)の「茹でガエル現象」で、これはアル・ゴア元副大統領の映画「不都合な真実」でも使われています。また、ダイエット/運動と自分の健康の関係のような問題に対するわたしたちの対応にも似ています。

4 わたしたちがこの問題を認識する価値がないと考えている。心理学者エビエタ・ゼルバベル（Eviata Zerubavel）が論じているように、「わたしたちのやることはすべて、認識する価値があると最初に判断することからはじまる」のです。最前面ではなく後面にあることにわたしたちは優先順位を与えません。

5 わたしたちが問題を真剣に考えていない。ベン・ゴールドエイカー（Ben Goldacre）が論じているように「わたしたちは遠い未来におこりうる不都合な結果を過小評価する考えかたを刷りこまれている。とくに老齢になっているか、あるいは死が近づいている場合、なおさらそうなる」。さらに、「わたしたちはやりたくないことをやらせようとする証拠に欠陥を見つける考えかたも刷りこまれている。これは気候科学の難解さによってさらに深刻化している」。

6 わたしたちは自分たちの行動とその結果の関連性が理解できない。わたしたちは、実際にわたしたちを支えているもの（空気、水、食料）、わたしたちが進化のなかで絶対的に依存するようになった光合成などのプロセスが見えず、したがって「健全な地球」を維持する必要も理解できない。

7 わたしたちはサステナビリティの問題を「自分／人間の問題」と思っていない。ユダヤ・キリスト教の教義は「人間が地球を支配している」との考えかたをわたしたちの心に深く刻みこんでいるので、神がそう望んでいるとして、自分たちの利益のために地球を利用するのを当然と考えている。あるいは、わたしたちの勢力および制御の範囲外のことと見ている。

8 わたしたちはそれらを「他の人の問題」と考えている。自分や自分のまわりの人が被害を受けていない――例え、他者（人類でも他の生物種でも）にとってはどこかの場所で、現在、あるいは未来に被害が生じていても。

また、誰か他の人が問題に対応するだろう——わたしたちは政治家が対応することを期待している（だが逆説的なことに、わたしたちは科学に関して政府を信用していない。だって政府は科学を歪曲してるじゃないか！）。

9　わたしたちはメディアや政治家の影響を受けるようになっている。彼らは短期的な自己の利益のために証拠を無視したり、あるいは悪用したりする（しばしば政治的利益あるいは企業業績のために）。

公正を期すために付言しますが、わたしたちの日常行動の世界的影響に関する理解を深めるのはコンセプトの面でも課題が多く、とくにどうしてもその性質上不正確になるモデルによってのみ予測される未来の出来事として推定される場合にはなおさらです。「先進国の今、ここでおこなわれる」わたしたちの行動（たとえばエネルギーや資源の利用）が、どこか遠いところ（たとえば海面が上昇している発展途上国）に、あるいは大きな影響がずっと身近に感じられるようになる未来の時点に影響を及ぼすという直接的な証拠に現実味が全然ないことが、ライフ・スタイルを変えたくない人びとに安易な言いわけを与えているのです。

わたしたちはこの状況への対応策をフレーム（組み立て）できるでしょうか？

考えを「フレーミング」するというコンセプトはわたしたちが個人、グループ、また社会として考えを概念化する方法を意味します。わたしたちはわたしたちのまわりの概念的また物理的な世界を認識、整理し、それについてコミュニケートする枠組み（フレーム）や構想（スキーム）をもっています。したがって、わたしたちは「国」、その代表的な食べ物、文化等の考えかたに関するフレームをもっています。もちろん、「環境」、「政治」「エネルギー」「経済」「食料」「健康」「貿易」等に関するフレームもあり、これらはなんらかの方法ですべてつながっているので、ひとつのフレームが他のフレームに密接に関連する場合もあります。こうしたフレームは長年にわたりわたしたちの多くの交流、数々の小さな情報や、それを伝達する方法によって築かれるものです。フレーミングが重要な一例として、「今日の大ニュース」を想像してください。そしてつぎに、複数のジャーナリストたちがそれをどう報道するか考えてみてください。基本項目にはいくつかの一貫性があるでしょうが、報道内容の多くの部分はジャーナリストによって違ってきます。各ジャーナリストはしばしば、自分のフレームと読者の期待するフレーム両方に合うように記事を書き、またときには読者に影響を及ぼそうとすることさえあるからです。

心理学者ジョージ・レイコフ（George Lakoff）によると、フレームは系統的にできているので大きな影響力をもっています（Lakoff 2011, p.72）。通常、ひとつの言葉がその意味するフレームだけでなく、そのフレームが含まれている系統の多くを作動させます。反復がフレームを補強し、神経回路を強めます。フレームは脳の感情領域と直接の関連があります。そしてそれを変えるのを難しくしているのが「間違ったフレームは消えてなくならず、ひとつのフレームを否定することがそのフレームを作動させることになる」点です。レイコフが例として挙げているのが、リチャード・ニクソン大統領がテレビで「わたしは悪党ではない」と発言したことが、大衆の心にあった「彼が悪党だ」との確信をかえって強める結果になったことです。

レイコフは、「人はフレーミングを避けられない」とも言います。唯一の問題は、大衆の脳内で誰のフレーミングが作動し、それにより強化されているのかです。これはどんな環境やサステナビリティのコミュニケーション、情報発信あるいは教育においても、フレーミングを考慮しなければならないことを意味します。彼は「環境主義を提唱する人びとの多くは未だに、理性と論理について、古く誤った見かたをもっている（したがってわたしたちはこうした方法で自分たちの意見を理解させようとしている）と論じています。大衆のフレーム系統では、事実が道理にかなったものでなければ無視されてしまいます（Lakoff 2011, p.73）。そしてとくに「地球温暖化の場合は、多くの人びとは彼らの脳内概念領域にこうしたフレームの系統をもっていない。こうしたフレーム系統は時間をかけて築きあげなければならない」のです。

要は、「本当の危機」（Lakoff 2011, p.74）を理解するには脳回路に正しい概念構造が必要となりますが、これに対応するのが難しいのです。というのは、わたしたちは長期的な脅威ではなく、直近の脅威にうまく対応するように進歩してきたからです（Harman 2014）。これはサステナビリティ、とくに危険な気候変動に対処する行動をおこさせようと考えている人びとにとって、どんな意味合いをもつのでしょう？

レイコフは次のように箴言しています（Lakoff 2011, p.74）。

1　わたしたちは、間違ったフレームを抑える神経回路をつくりあげる一方で、危機を理解するのに必要なバックグラウンド・フレームをつくりあげる絶え間ない努力をしなければならない。
2　わたしたちは、地元から国のレベルに至るまで、メッセージを発信している適任の人びととの間で、今よりもはるかに優れたコミュニケーション・システムを構築する必要がある。
3　わたしたちは、長い目で見て必要になるフレームをつくり、かつこれらがどうしたら制度化されるかを考える必要がある。
4　わたしたちにはいくつかの実際的なヒントが必要となる。

- 価値観のレベルについて、道徳的価値観に関するフレームの問題について語り、つねに攻めの姿勢を取りつづけ、決して守りに入らないこと（否定的なことはフレームを作動させることに留意）

- 話題についての（リストではなく）体系化された理解を提供する。自分の価値観を例示し、感情をかきたてる話をする。無機質な事実や数字ではなく、自分の主張を例示する一般的なテーマやストーリーを伝える。
- 背景が大事である。今まさにおきていることに注目し、毎日の関心事を取りあげる。誰が話すのか、ビジュアルを使った説明、ボディー・ランゲージも重要となる。

わたしたちの地球との親密さを育むことに関して、とくにわたしたちに関係してくるのが「環境フレーム」です。というのは、環境／自然は通常「どこか他のところにある」、わたしたち以外のものだと思われているからです。しかしこれはまったくの誤りです。わたしたちは自然の一部であり、自然はわたしたちの一部です。それを最も明らかに関連づけているのが、わたしたちの呼吸する空気（地球の光合成の副産物としてつくられる）であり、なんらかの形で自然のプロセスを通ってきてわたしたちが食べることになる食料であり、さらにはその食料がわたしたちの胃や腸のなかで細菌により共生的に消化されているという事実です。

この関連性の問題——自然に対する認識と、この「フレーム」への取りくみをどう教育するか——という点が、わたしと同僚がおこなっている研究の重要な分野です。これからそれについてお話しします。

サステナビリティに関する学習の役割

教育はもちろんそれ自体が「フレーム」で、その言葉からわたしたちはおそらくこの教室の現代版のようなイメージをもつでしょう。すべての国が3歳から18歳の間で正規の教育期間を設けており、多くの国ではより高いレベルの教育の機会があります。

わたしたちは教育というと、大体が室内で、知識や、知識を取りあつかうスキルに関するものを思い浮かべます（これが一般的に教育の「フレーム」されている形です）。しかし教育哲学者エリオット・アイズナー（Eliot Eisner）が指摘したように、明確でないもの（同氏は「無のカリキュラム」と呼んでいます）も、少なくとも明確なものと同じくらい重要です。したがって、もし「わたしたちも自然」という考えかたがフレームされ、確実に補強されなければ、いわゆる「グローバル・ノース」で学校に通っている子どもたち、また大人であるわたしたちも、たしかにほとんどの時間を「自然」から分離され、自然のプロセスを忘れて過ごすので、そうした提案は「無のカリキュラム」となり、わたしたちがそれを評価しないとしても不思議ではありません。

したがって、わたしたちのサステナビリティに関する教育活動の主要テーマは、わたしたちは自然の一部であり、自然はわたしたちの一部であるという関連性のテーマを展開していくことです。これは難しいコンセプトです。というのは、その反対の考えかた（わたしたちは地球を好きなように利用でき、わたしたちは自然とは別の存在で、合理的である――というデカルト的世界観）が社会規範として心に刻みこまれているからです。この点もまた対処が難しいところです。というのは、わたしたちは「自然」であると同時に、合理的で非常に強力な種として、自然に対して「責任」があるという理解を深めなければならないからです。これはわたしたちが、他の動物のように好き勝手に行動したり、結果を考えずに欲しい物を手にいれることはできないという意味です。

これにも問題がないわけではありません。というのは、わたしたちは自身の行動の動機となっているのが何なのかを理解するよう気をつけなければならないからです。レイチェル・ハウエル（Rachel Howell）がおこなった、すでに低炭素のライフ・スタイルをはじめている人びとに関する博士号取得の研究では、こうした人びとにとって「環境」

を守ることそのものは、行動につながる主要な価値観ではありませんでした。「彼らは気候変動が発展途上国の人びとに及ぼす影響により強い関心を抱いている」ことがわかったのです（Howell 2012, p.2）。彼らにとって生態関連の価値観も大切ではありましたが、利他的価値観をはるかに重要視する傾向が見られました。これはティム・カッサー（Tim Kasser）が同僚と共同でおこなった、多くの国出身の人びとがもつ価値観を分析し、内在的価値観が付帯的価値観と同じように連想性をもってグループ化されているのを発見した研究とも一致します（Kasser & Ryan 1996）。さらに彼らの研究で、内在的価値（コミュニティに関心がある、等）を重視する人びとのほうが、一般的に環境やサステナビリティに配慮するより強い動機があることがわかりました。さらにカッサーらは、内在的価値観の一面を育む学習への取りくみは、他の関連した価値観の育成、さらに全体的にコミュニティへの価値観の強化につながると論じています（Kasser 2009, 2011）。

ネタ・ワインスタイン（Netta Weinstein）らは最近の実証的研究で、彼らの研究の内で「自然に取り囲まれた」参加者は内在的動機のほうにより高い価値を見いだし、付帯的動機には低い価値しか見いださなかったのに対し、非自然環境に取り囲まれていた参加者は付帯的動機により高い価値を見いだし、内在的動機への価値は変わらなかったことを示しました（Weinstein et al. 2009）。これはわたしと同僚のベス・クリスティ（Beth Christie）が２０１２年におこなったより広範な論文の総括で得られた結果とも一致しています。この研究では、親環境的行動の育成には「自然との直接のふれあい、エコ知識（基本的な生態系の原則と生態系における自身の位置の理解）、居場所の感覚、自然とのつながり、批判的かつ内省的な思考技能」等、および「自身の行動に責任をもつ」ことへの意欲（これにより変化の作為者になる）が含まれることがわかりました。わたしたちは「教育、とくに野外での授業と学習のプロセスは、こうした有益で、連結的な経験の側面を生みだすのに有効である（Christie & Higgins 2012, p.2）と結論づけました。これは「サステナビリティに関する学習」のバランスのとれたコンセプトの育成にはしばしば「グローバル市民」(ハウエルの研究による)の意義および野外学習の経験を認める必要があることを意味します。

それでは、こうしたサステナビリティの問題に真剣に対応するとしたら、世界の教育制度への意味合いは何なのでしょう? 教育理論と実践との接点、カリキュラムと授業との接点、および教師/進行係と生徒の関係性が教育プロセスの「ビジネス」ですが、サステナビリティの文脈では、「環境」も、わたしたちの「環境」との関係も重要になってきます。したがって、事実の学習よりはるかに多くのものを重視する学習経験が必要となります。以前からわたしは、「元素」――「空気」「水」「地球」(生物多様性/食料)および「火」(生態系や食料を通じて流れこむ太陽からのエネルギー)の重要性と、またとくにわたしたちが呼吸する空気と食べる食料を生産する植物の役割、およびグローバルな気温バランス――気候と天気――を力説することが重要と主張してきました。しかし授業への取りくみも重要で、またさきほどの論文などでも示されているように、直接の野外経験はこの学習を補強するために貴重です(Christie & Higgins 2012; Higgins 2009; Beames et al. 2012)。もちろん、この取りくみは「環境」フレームの考えかたで支えられ、その価値を高めていますが、これに関連した人間中心的な価値観にも支えられています。たぶん、わたしたちがサステナビリティに対応するのに乗り気でない状況に関連して上記に挙げられたものと類似の理由により、わたしたちは「環境」に関して短期的な見かたをしがちだと思われますが、地球の生物・地理・化学システムの健全な機能を支えるためには、これにも取りくまなければなりません。

しかし、教育自体が唯一の「回答」ではない

上記の「プロセス」の考えかたに戻るには、次の点が理解と行動の両方にとって重要となります。それは、自然の／生物的／地理的／人間的／文化的格差はなく、あるのは単なる移動だけだという意識です。つまり、地球上のすべての有機体やすべての無機物は、他のものに「なり」、そしてさらに別のものに「なる」という、「変化」の意識です。これはクラークとマックフィーによるアニミズムの非標準的な定義に通じるものです。両氏はこれを「物質的に構成され、完全で、生存しており、つねに変化しているとその住人に理解されている、世界での『見ること』と『行動すること』の両方を包含する存在（変化）の様式」と記述しています（Clarke & Mcphie 2015, p.206）。両氏は「たとえば、プランクトンが自然でなくなるのはいつですか？ 何万年も経って石油になったときですか？ それとも石油が精製されてプラスチックになったときですか？」等の質問で、この考えかたを例示しています。

両氏は、現実が両面から描かれていることが「アニミズム的見かたを通じたサステナビリティ教育にとって最大の将来性をもつ」と述べており、また「世界の根本的な"変化性"を示せる可能性のある教育の取りくみ」は「基本」としての学習を必要とし（Higgins 2010 および上記のとおり）、また季節や昼夜のリズムと関連があると論じています。先導質問は、またリーバイの論文の繰り返しになりますが、「炭素由来の生命体であることは（わたしにとって）何を意味するのだろう」というものです。

しかし、こうした学習のアイデアを伝達して、議論や討論をしながら修正し、さらに可能なら実施してもらうとなると、ローカルな範囲での実践だけでは不十分です。わたしたちが直面している問題の大きさを考えると、こうした

プロセスのためにはグローバルなコミュニケーション・システムを使う必要があるでしょう。有望な方法の一例が大規模オープン・オンライン・コース（ＭＯＯＣｓ：Massive Open Online Courses）の普及です。最近、わたしは同僚と「サステナビリティに向けた学習――個人の倫理を育む」（Christie & Higgins 2015）というコースを作成し、実施しました。（１６２か国の１万２０００人以上もの個人を対象に）各個人の価値観に深く根ざしている事柄をあつかうのは大変で、ＭＯＯＣｓではとても異例なことです。わたしたちは親しみやすく、和やかなオンライン学習環境をつくっていこうと決め、そのアプローチを最後まで維持したのが効果的だったようです。これにより、オンラインの書きこみやブログ等を通じて、参加者の間に非常に効果的なサポート・コミュニティが形成され、個人の行動へのコミットメントにつながりました。たとえば、次のような書きこみがありました。

「サステナビリティに向けた学習」はわたしに自分がどこから来たのかを考えることを促し、またわたしが今までしたことのないような方法で地域の問題に取りくむよう求めてきました。わたしは発展途上国に住んでおり、より積極的なサステナブル・コミュニティをつくるためにやるべきことはたくさんあります（ただしこのコースを取り、これは発展途上国かどうかにかかわりなくグローバルな問題であることを思い知りましたが）。今度はわたしが自分のコミュニティで自分個人の、しかし必要な改善をどうしたらできるかを考えるときがきました。

「サステナビリティ」という非常にわかりにくい傘の下でわたしたちが直面する問題は、特異な種としてのわたしたちがこれまで直面したことがないほどの規模で、かつ複雑ですが、ここ数世紀の間にわたしたちは長い間受益団体の強い抵抗により取りくみが不可能と思われていた重要な問題に関して進歩を成しとげてきました。例として、奴隷制度の禁止、女性解放、アパルトヘイト、黒人／有色人種および原住民の権利／労働組合への加入の自由などが挙げられます。これらはすべて政府、企業、メディア等との対応における市民の参加を必要とし、ここにおいて教育の役割とは、こうした公民的、かつ根本的な民主化のプロセスの価値、に支持と信念を与えることでした。これらの問題に対応するための一般的な技能（批判的な考えかた、価値観の方向づけ、こうした価値観に基づく行動への意欲など）は、まさに今日わたしたちが直面する難問へ対応するために必要なものです。

「わたしたちは自然」という結論を精査し、繰り返し、さらに補強するには、個人としてのわたしたちの道徳のありかたと、集団としての道徳のありかたを見直すことが必要です。サステナビリティの問題、なかでもとくに危険な気候変動の問題は、わたしたちすべて、また地球上の他のすべての種が面している現実であり、さらにそれらの間のバランスを維持している生物／地理／化学的システムの現実でもあるのです。個人的な欲望や政治力によって崩壊させられていくのを、ただ放置しておくわけにはいきません。教育プロセスが戦略的になる必要があることは、ここまでにお話しした重要な問題のなかでも示したとおりです。

したがって、教育の目的は次のようなものにならなければなりません。そこにおいてカギとなるスキルは、学習者たちが以下のような認識に至るのを助けることです。すなわち、まず自分にも複雑で難しい問題を理解できると学習者が思えるようになること。また、公共の利益は追求する価値のある道徳的な目的であると認識するようになること。さらに、個人としても集団としても、自分には変化をもたらす行動ができると思えること。そして何よりも、「尊敬、さらに言えば愛情は、自分自身へのものでも、他者へ向けたものでも、環境に対するものであっても、どれも本質的に同じである」と認識できるようになること。これは単なる「今、ここで」だけの問題ではなく、（ハットンの言葉を借りれば）「終わりを予期することなく」永続する愛情でなければならない。そして、過去の自分たちのおこないを反省し、はるか遠くの未来にわたるみずからの責任を考えることが求められます。それは、わたしたちが親密な関係を築くとき、いつも考えるべきことと同じなのです。

参考サイト・文献（References）

Armstrong, F. (2009). *The Age of Stupid*. Spanner Films. http://www.spannerfilms.net/ (Accessed March 2016).

Beames, S., Higgins, P., & Nicol, R. (2012). *Learning outside the classroom: theory and guidelines for practice*. New York: Routledge.

Christie, E., & Higgins, P. (2012). *The impact of outdoor learning on attitudes to sustainability*. Commissioned report for the Field Studies Council. Preston Montord: Field Studies Council.

Christie, E., & Higgins, P. (2015). 'Learning for sustainability: developing a personal ethic'. *Massive Open On-line Course (MOOC)*. University of Edinburgh. https://www.coursera.org/course/sustainability (Accessed March 2016).

Crutzen, P., & Stoermer, E. (2000). The 'Anthropocene.' *Global Change Newsletter*, 41, 17–18.

Darwin, C. (1859). On The *Origin of Species by Natural Selection, or The Preservation of Favoured Races in the Struggle for Life*. London: John Murray.

Goldacre, B. (2009). *Climate change? Well, we'll be dead by then*. *Guardian Newspaper*, 12 December 2009. http://www.theguardian.com/commentisfree/2009/dec/12/bad-science-goldacre-climate-change (Accessed March 2016).

Harman, G. (2010). Your brain on climate change: why the threat produces apathy, not action. *Guardian Newspapers*. http://www.theguardian.com/sustainable-business/2014/nov/10/brain-climate-change-science-psychology-environment-elections

(Accessed March 2016).

Higgins, P. (2009). Into the big wide world: sustainable experiential education for the 21st century. *Journal of Experiential Education*, 32(1), 44-60.

Howell, R. (2012). *Promoting Lower-Carbon Lifestyles: The role of personal values, climate change communications and carbon allowances in processes of change*. PhD Thesis, University of Edinburgh.

Howell, R. (2011). Lights, camera ... action? Altered attitudes and behaviour in response to the climate change film The Age of Stupid. *Global Environmental Change*, 21, 177-187.

Hutton, J. (1788). Theory of the Earth; or an investigation of the laws observable in the composition, dissolution, and restoration of land upon the globe. *Transactions of the Royal Society of Edinburgh*, vol. I, Part II, 209–304.

Kasser, T., & Ryan, R. (1996). Further examining the American dream: Differential correlates of intrinsic and extrinsic goals. *Personality and Social Psychology Bulletin*, 22, 280-287.

Kasser, T. (2009). Psychological need satisfaction, personal well-being, and ecological sustainability. *Ecopsychology*, 1, 175-180.

Kasser, T. (2011). Cultural values and the well-being of future generations: A cross-national study. *Journal of Cross-Cultural Psychology*, 42, 206-215.

Lakoff, G. (2010). Why it matters how we frame the environment. environmental communication. *Journal of Nature and Culture*, 4:1, 70-81. http://dx.doi.org/10.1080/17524030903529749 (Accessed March 2016).

Levi, P. (1984). *The periodic table. London: Abacus*. Chapter on Carbon. pp. 224-233.

Lyell, C. (1830-33). *Principles of Geology: being an attempt to explain the former changes of the Earth's surface, by reference to causes now in operation*. Published in 3 volumes. London: John Murray.

Monastersky, R. (2014). *Biodiversity: Life – a status report*. Nature, 516, 158–161.

Weinstein, N., Przybylski, A., & Ryan, R. (2009). Can nature make us more caring? Effects of immersion in nature on intrinsic aspirations and generosity. *Personality and Social Psychology Bulletin*, 35, 1315-1329.

Yusoff, K. (2013). Geologic life: prehistory, climate, futures in the Anthropocene. *Environment and Planning D: Society and Space*, 31, 779 – 795.

Zerubavel, E. (2015). *Hidden in Plain Sight: The Social Structure of Irrelevance*. Oxford University Press: Oxford.

サステナビリティに関する教育の倫理的側面

高野孝子

今回の上廣・カーネギー・オックスフォード国際倫理会議の論点のひとつに、「持続可能な地球環境を守るためにわたしたちは何をなすべきか。環境教育は持続可能性を担保するための有効な手段となりうるか」がありました。出席者のなかでヒギンズ氏は、科学的知見や地球的倫理が、個々人の実践に至るために何が必要かという課題を、教育の視点から論じ、ベリー氏は、環境課題を取りあげる際に文化的側面を認識することの重要さを指摘しています。

本稿は両者の論点にかかわるものです。筆者が過去20数年にわたって実践してきた環境教育プログラムや自身の調査結果をもとに、知識と行動をつなぐ教育のありかたを議論します。また、人と自然の関係を探ることや「その場」を意識した教育手法が、そこでの文化を尊重する意識だけでなく、自分が属する文化についての関心をも高める事例を紹介したいと思います。

教育は人びとの価値観に変化をもたらし、環境課題に取りくむ力を与えることができるという主張があります。1987年、環境と開発に関する世界委員会（WCED：the World Commission on Environment and Development）がOur Common Future「我ら共有の未来」という報告書を発表しました（World Commission on Environment and Development, 1987）。そのなかでは、教育は未来を創っていくうえで中心的な役割を果たす、とされています。

たとえばこのような表現です。「世界の教師たちは……広範囲にわたる社会変化をもたらすために、決定的な役割を担っている。その社会変化は、社会的、生態的に持続可能な発展をもたらすために必要なものだ」（WCED 1987. p xiv)。

一方で、少なからぬ研究者たち、とくに環境教育の研究者たちは、知識だけでは行動に結びつかないとしています(Fien et al. 1993; Palmer 1998)。これはヒギンズ氏の報告でも前提とされています。知識の前に興味や関心が必要だとする声もあれば、驚きや愛着といったものが先だという意見もあります。どんな要素が環境行動につながるのかは、環境教育分野の研究の歴史で長く論じられてきました。とくに1980年代から、さまざまな手法によって繰り返し研究が重ねられて来ています。Significant Life Experienceと呼ばれる研究分野もそのひとつで、環境活動に熱心な人たちの過去を振り返り、どんなことが現在の行動につながっているか、その要素を探ろうとするものです(e.g. Chawla 1998; Palmer et al. 1998)。

環境保全や自然保護に関して、法律や条例はたしかに人びとや企業を一定の行動に向かわせ、有効な手段ですが、そうした規則も、ある価値観に基づいて人間たちがつくるものです。人びとはそれぞれの価値観や原理原則に基づいて選択し行動します。これはベリー氏の報告でも強調されています。「リサイクルせよ」と命令されるよりも、「リサイクルするのは良いことだ」と信じているほうが、そのためにわざわざ指定の場所に行くなどの努力を主体的にするでしょう。よって、もし教育が社会変化をもたらすとすれば、人びとの価値観に触れなくてはなりません。日本だけではありませんが、公立の学校教育では、政府の方針と異なる視点や、多様な立場で論争があるような事柄(たとえば原子力発電所についてなど)、価値観に触れるような事象はあつかいにくく、実質的に行動や社会を変えうるようなレベルでの環境教育は、一般的に教員としては実行しにくい状況にあります。

しかし教師が社会変化の役割を担うとする文書が国連から出されたように、教育の重要性を唱える論者は多く、急速な生態的変化のなかにある地球上で人類が生き延びるには、教育、とくに学校教育のありかたを総合的に考え直す必要があるとしています（Assadourian & Mastny 2017）。ディビッド・オア（David Orr）は一般の人びとが生態学的な常識や環境的知識をもつことが、政治の議論をまっとうなものにし、より良いガバナンスにつながると主張し、「我々には革命が必要で、それは考えかたを大きく変化させることからはじまる」と述べます（Orr 2017）。

これまで、持続可能性に関係する多くの「教育」がそれぞれ違う名称で存在してきました。たとえば、環境教育、開発教育、野外教育、平和教育、持続可能な開発のための教育、地域に根ざした教育、など他にもたくさんあるでしょう。その区分けははっきりしておらず、同じ名称の下であっても、その教育が何をするものか意見がわかれていることもあります。研究者のなかには、もしこうした複数の多様なグループがまとまり、影響力をもったひとつの運動体として進むことができれば、サステナビリティを推進し、地球上のすべての生命の質を高めることにつながるだろう、とする声もあります（Palmer 1998）。

教育の名称が何であれ、それらのさまざまな教育、そして従事する教育者たちは、持続可能な社会を目指すうえで、成功してきたといえるでしょうか。

気候変動が進行し続けていることを見るだけでも、これらの教育はすべて、人びとの価値観に十分な影響を与えることができなかったといえるのではないでしょうか。これは倫理的に深刻な結果を伴います。そもそもブルデューやパセロンのように、一般的に教育、とくに公教育は主流となっている文化や価値をより強固にするもので、本質的に抑圧的な思想を伴うとする説得力ある意見も30年前から出されています（Bourdieu & Passeron 1994; フレイレ 2011）。つまり、主流の教育は、機能主義や合理主義に乗っ取られ、持続可能な未来に向けての発展的なビジョンを創造するというよりは、現行の市場主義を是とする価値観をそのまま引き継いでいるだけという議論です。だとすれば、現代の教育は未来における影響に対して倫理的な責任を負うことになるでしょう。

しかしながら、教育は主流の価値観を強化するだけ、と分析のみおこない、何もしないで時を過ごす余裕はもはやありません。教育に関心を寄せるわたしたちは、より多くの人たちが持続可能な未来について考え、実際に行動してもらうため、どのようにしたら貢献できるのかを真剣に考えなくてはなりません。ヒギンズ氏が紹介したいくつかの調査結果はとても示唆的です。

自分の行動がはるか遠くでどんな影響を与えているのかを認識するのは、とても難しいことです。今の自分の行為が、いつかどこかである結果につながるかもしれないといわれても、ただの脅しと見なすか、無関心のままでしょう。気候変動のような地球的な課題は規模も大きく複雑で、個々人が自分の責任とつなげるのは容易ではありません。自分の生きかたとサステナビリティのつながりを意識するには、想像力が必要です。そして、人間以外のものを含んだ他者に配慮する倫理感が、その土台になくてはならないでしょう。

野外・環境教育分野の研究によれば、注意深く練られた体験的なプログラムは、ある場所や自然界への愛情を養ったり、サステナビリティに対しての個人的な倫理感を触発する可能性があります（e.g. Crompton & Sellar 1981; Hines, Hungerford. & Tomera 1986/87: Palmberg & Kuru 2000）。指導者とともにプログラムでの体験を振り返ることで、想像力を高めたり、生態系や日々の暮らしがより大きな課題とつながっているのに気づくこともあるでしょう。

「持続可能な社会のための教育」が良い結果をもたらしているという調査報告は、世界中にたくさんあります。わたしが担当する大学の授業でも、学生たちが、自分自身と社会の課題が深い部分でつながっていることを理解するなど、前向きな結果が出ています。そうした授業では、想像力を補う目的で、教室内でもできるだけ体験的な学びの手法を取っています。

ここで具体例として、国内外で実施しているプログラムからわかることを記したいと思います。

わたしは1992年から、日本人を中心とする青少年たちの小グループを、石貨で知られるミクロネシア連邦ヤップ州ヤップ島に引率しています。参加者がそれぞれ、幸せとは何か、生きるために大切なものは何か、など、本質的な価値観を問い直すことが目的です。

ミクロネシア連邦には四つの州がありますが、ヤップはそのなかでももっとも伝統的といわれています。一行は、村で2週間ほど生活しながら、さまざまなことを体験を通して学んでいきます。ここで重要なのが、ベリー氏が取りあげた「TEK」（13ページ）、伝統知、または伝統生態知です。

滞在中の暮らしはとてもシンプルです。滞在場所によって違いがありますが、生活の場には原則として電気や電話、水道といった、日本の暮らしでは当たり前のものがありません。マングローブ地帯に「水洗」トイレをつくったり（潮の満ち引きで汚物が流れます）、ときには海そのものを利用します。雨水か地下水が飲料水で、スコールが来ると、外に飛びだして頭と体を洗います。ココヤシの内側繊維をタワシがわりに、海の砂と海水で鍋を洗うこともあります。タロイモを収穫してきれいに皮をむき虫食いの部分を取り除いてぐつぐつ煮たり、カンクンの葉を摘んでおひたしをつくったり、海で魚を捕り、森のなかで陸カニを捕まえナイフを突き立てバーベキューにしたりします。

島で暮らすのに必要な知識や技術を教わりながら毎日を暮らします。先生は多くの場合、地元の子どもたちです。20歳前後の「先進国」からやってきた青年たちは、7~8歳の子どもたちの知識と技術に驚きます。彼らに頼らなくては暮らしが成りたちません。GDPというモノサシで計ると、いわゆる「発展途上」の「貧しい国」。しかし他のモノサシをあててみると日本よりずっと豊かな国となり得ます。熱帯であるはずのヤップ島でのクーラーのない暮らしのほうが、温帯の東京よりもしのぎやすいことに気づき、なぜかを考えます。日本は「発展」したからクーラーがあるのか、「発展」したからクーラーなしでは暮らせなくなったのか。これまでの「発展」によって人びとは安心できる今と未来を手にしているのか。

「人の価値って何だ」「発展するって何だ」と考えはじめます。

カニを食べようとしてはじめて、まずカニの命を奪わなくてはならないことに気づきます。わかってはいたはずですが、自分ごととして理解してこなかったことです。火も簡単にはおこせません。そもそも燃料となる古いココナッや木を集め、十分乾燥させておかなくてはなりません。雨の多い島では、乾かしかたにも知恵が必要です。そしてココナッツの外皮から煙があがっても、湯が沸くほどの火になるには時間がかかります。

食べるという行為にはこれほど手がかかるのか、と実感するとともに、普段の暮らしでは「生きるためのプロセス」をだいぶ省略していることに気づきます。また、ただ何となく時間を過ごすことと、積極的な行為としての「生きる」ことの違いにも気づきます。

アメリカと日本が戦争をしていたときの跡もいたるところに見つけられます。高射砲や朽ちた零戦の前に佇み、70数年前に確実に誰かが、それも自分たちと似たような年齢の日本の青年が、ここにいたことを想像することができます。

ゴミを適切に処理する施設のないヤップ島で、ただ山積みされた廃棄物のなかに日本の会社の製品をたくさん見つけます。そして海面上昇によって、自分たちが滞在している施設に海水が迫ったり、村と村の間の道が水没して渡れなくなるなど、気候変動の影響を目のあたりにします。そのために引っ越した人たちや、潮がタロイモ畑に入ってしまい、イモが育たなくなったことを知ります。

そうした経験を通して彼らが話す言葉には、価値観に触れるものがあります。

「シンプルなほうが、ハイテクよりかっこいい」「豊かさや幸せは、他の人たちとの関係性にある」などです。感想文には、仲間や家族とのきずな、コミュニティの存在、誇りや夢の大切さ、感謝の心の重要さなども書かれ、表現の深さに驚かされます。

帰国後、参加者らは日常の態度や行動が変わったと話します。たとえば以下のようなことが挙げられます。

- たくさんの物を買うことに興味がなくなった。
- 国際ニュースにもっと注意を払うようになった。
- 戻ってから家の仕事を進んでやるようになった。そして感謝の気持ちを家族や身近な人たちに伝えようとしている。
- 地域の祭りにはじめて参加した。
- 食べる物がどこから来ているのか、気にするようになった。

参加した若者たちは、プログラムを通して得た新しい価値観に基づいて、物事の優先順位を整理したといえるのではないでしょうか。直接的で強烈な体験を通して形成された価値観です。

こうしたコメントだけでなく、帰国後グループとして行動に移した例もあります。ヤップ島でゴミとなっていた製品をつくる企業に連絡を取り、自然に分解するパッケージを提案したり、大学で環境や社会的な意識を高めるようなイベントを実施したりなどです。

教育が価値観に変化をもたらし、持続可能な社会に向けての行動につながる一例といえるでしょう。

ここで紹介したいもうひとつの事例は、日本の中山間地域での小規模な農山村でのことです。ここで実施された幾つかの教育プログラムを対象にして調査をおこないました（高野，2011）。

日本全体で急速な高齢化が進行していますが、中山間地域ではそれがとくに深刻です。65歳以上の人口は日本全体で、1950年には5％でしたが、2016年10月には27・3％（内閣府）。2050年には37・7％になると予測されています。調査を実施した栃窪という集落は、東京から北北西に220㎞ほど離れた、標高500mほどの山あいにあります。2017年11月30日時点で、148人の住民の40％が65歳以上です（南魚沼市 2017）。

その集落で、季節ごとに4回の教育プログラムが実施され、10代から70代の全67人の参加者の84％が都市部住民でした。プログラムは1泊2日で、期間中、集落住民が講師となり、村での活動を参加者とともにおこないました。農作物を収穫したり、森のなかで食べられる野生の植物を探したり、古道を歩きながら地元の歴史を聞いたり、野菜の伝統的な保存方法を教わったりなどです。

アンケートでは、「ここで学んだことをもとに、これからの日々で何かを変えようと思うか」という記述式の問いに、80％の参加者が回答しました。回答内容には、ライフスタイルに関すること、これから体験的な学びの機会を求めていく、気づいたことを他の人たちと共有する、自分が暮らす場所や人びとや歴史について知ろうと思う、というようなことが含まれていました。ライフスタイルに関する事柄については、もっと歩くようにする、リサイクル、節水、それほど便利でなくても楽しい日々を送るようにする、有機食品を選ぶ、農業者に貢献する消費者になる、地域の店で買う、機械への依存を少しずつ減らす、などが挙げられました。多くの回答は価値観に関係し、サステナビリティの概念につながるものでした。

また農山村で作物を収穫したり、稲作にかかわったり、村での自給的な農業や暮らしの理解につながる体験は、「1度気温が上がると穀類の収穫が1割減る」というような文言に出くわした際、それが実際に、農民や消費者にとって何を意味するのか、現実的に想像しやすくなるでしょう。

一方でこうしたプログラムは、受けいれ側の地元の人びとにとっても、その土地の価値観への認識や、自分自身についての認識に影響を与えたことが調査結果からわかっています。

受けいれ集落でプログラムにかかわった人たち10人の調査結果を分析すると、集落での経験と立ち位置によって視点は大きく異なりますが、カテゴリーとしては以下の三つに分類されます。

1　プログラムにかかわっての学びとして。土地で営まれてきた暮らしについてや、地域の自然環境についての理解。

2　来訪者とかかわっての学びとして。多様な世界を知る、自分たち自身や暮らす地域について他者の目を通して知る、普段の暮らしの意識が変わるなど。

3　プログラムの意味や価値についての学びとして。訪問者らのおかげで自分たちがより村のことを知ることができる、村がにぎやかでこれからも続いていくために必要、などの気づき。

学びに関連して全体を通して特徴的なのは、70代の人以外全員が、集落・地域についての知識や、自分ができることを増やしたいという意欲を示していたことです。地元の人たちからの情報を集約すると、調査当時60代半ばあたりを境として、同じ集落に暮らしながらも、地域の歴史や自然環境、暮らしに関する知識（経験知、暗黙知を含む）が断絶されている様子が見えてきます。

20代男性は、「昔の暮らしについてもっと知りたい」「Nさんのようなガイドになっていきたい」と話し、40代男性も「今後は説明できるようになりたい」「何十年もここに暮らしながらわからないことだらけ。ミズオオバコをはじめとして、そういうものをどう生かしていくのかがこれからの課題」と答えています。

知識の断絶は、若い世代の関心がないというよりは、学ぶ動機づけや機会がなかったからとも言えます。外部からの人びとを招いて地域を体験するプログラムは、村の若い人たちが地域を改めて体験する機会となり、自分や地域を知る意欲を高め、結果として村の維持と活性化につながっていくと予想されます。

以上のように、他者や自然環境と直接かかわる要素をもち、よく考えられた体験的なプログラムは、サステナビリティについて、かかわった人たちの意識を高め、適切な態度を育む可能性があるといえます。ただし、これらの体験が長期的にどのような影響を与えるのかはさらに調査が必要です。

野外教育分野の研究では、体験の繰り返しが、教育の影響の持続性を高めるとされています（e.g. Knapp & Poff, 2001）。サステナビリティに関するさまざまな「教育」はあらゆるレベルで推奨されるべきでしょう。ヒギンズ氏が指摘するように、直接の野外経験は効果的であり、生活体験は必須でもあります。問題が密接に絡みあっていることや、個人の暮らしと地球規模の課題のつながりについて理解する人たちを増やしていく必要があります。

経済的に力がある国々は、地球規模のサステナビリティに関する課題についてより大きな責任があるといえます。しかしながら、そこで主流となっている公教育は、市場主義に基づいた社会的に優勢な価値観を伝えていくものであることは否定できません。

だからこそ、地球社会が持続可能な未来に向けて軌道を修正するために、多角的で創造的なアプローチの教育、サステナビリティへの倫理を育む教育を、さまざまな場で小規模であっても意図的に提供していくことが必要ではないでしょうか。

参考文献

Assadourian, E., & Mastny, L. (Eds.). (2017). *Earth Ed: Rethinking Education on a Changing Planet*. Washington, Covelo, London: Island Press.

Bourdieu, P., & Passeron, J. C. (1994). *Reproduction in education, society and culture* (R. Nice, Trans.). London: Sage.

Chawla, L. (1998). Significant life experiences revisited: A review of research on sources of environmental sensitivity. *Environmental Education Research*, 4(4), 369-382.

Crompton, J., & Sellar, C. (1981). Do outdoor education experiences contribute to positive development in the affective domain. *Journal of Environmental Education*, 12(4), 21-29.

Fien, J., Robottom, I., Gough, A. G., & Spork, H. (1993). The Deakin-Griffith environmental education project. In J. Fien (Ed.), *Education for the environment: Critical curriculum theorising and environmental education*. Geelong, Australia: Deakin University Press.

Hines, J., Hungerford, H. R., & Tomera, A. N. (1986/87). Analysis and synthesis of research on responsible environmental behavior: A meta-analysis. *Journal of Environmental Education*, 18(2), 1-8.

Knapp, D., & Poff, R. (2001). A qualitative analysis of the immediate and short-term impact of an environmental interpretive program. *Environmental Education Research*, 7(1), 55-65.

Orr, D. W. (2017). *Forward*. Washington, Covelo, London: Island Press.

Palmberg, I., & Kuru, J. (2000). Outdoor activities as a basis for environmental responsibility. *Journal of Environmental Education*, 31(4), 32-36.

Palmer, J. A. (1998). *Environmental education in the 21st century: Theory, practice, progress and promise*. London: Routledge.

Palmer, J. A., Suggate, J., Bajd, B., et al. (1998). An overview of significant influences and formative experiences on the development of adults' environmental awareness in nine countries. *Environmental Education Research*, 4(4), 445-463.

World Commission on Environment and Development. (1987). *Our common future*. Oxford: Oxford University Press.

フレイレ、P（2011）『被抑圧者の教育学』三砂ちづる訳　東京　亜紀書房

高野孝子（2011）「農山村のひとと暮らしが支える地域の教育力」『「社会教育による地域の教育力強化プロジェクト」における実証的共同研究　研究報告書』pp.4-26

内閣府（2017）『平成29年版 高齢社会白書（概要版）』

Retrieved from http://www8.cao.go.jp/kourei/whitepaper/w-2017/html/gaiyou/s1_1.html

南魚沼市（2017）「地区別年齢別人口集計表」平成29年11月30日現在（処理日）

気候変動の責任――因果的、道徳的、法的責任と「介入責任」

デール・ジェーミソン

人類はほぼ前例のない速さで化石燃料由来の炭素を大気中に放出しています。なにか予想外のことがおこらない限り、これは人命、財産、種、自然の生態系などわたしたちが大切にしているものの多くに甚大な被害を及ぼす結果になるでしょう。わたしたちにとって価値あるものを徐々に損傷していくことに加え、この化石燃料由来の炭素の放出は本当に最悪な形で気候を破壊するリスクを生んでいます。

こうした状況に直面して、原因と責任を考えるのは当然です。誰が問題をおこしていて、誰が悪くて、誰が費用を負担し、おこないを改めるべきなのは誰なのでしょうか。また誰かが刑務所に行くべきなのでしょうか。こうした問題を明確にするには、わたしたちは責任についての議論を深めなければならないでしょう。これは容易ではありません。というのは、英語の「責任（responsibility）」とその同語源語は多くの異なる状況で使用されており、また責任の問題はしばしば、この言葉を一切使わないで議論されているからです。

さらに、それほど多くの文献を読み進むまでもなく、すぐに基本原理、科学哲学、倫理や道徳心理学についての根本的な疑問にぶつかります。したがって、この講演でわたしはこの領域の地図を描くことを試み、体系化された姿に一歩でも近づけられればと思っています。ただし、わたしは自分の言うことが決定版だとか、完全なものだとか主張するつもりはありません。

英語の「責任」とその同語源語は多くの異なる状況で使用されます。またさきほどお話ししたとおり、責任という語は多くの論争と結びついています。ある人たちは、最初に道徳的責任の理論を打ち立てたのはアリストテレスだと主張していますが、他の学者たちは、わたしたちの現在の認識に共通する側面をホメロスの叙事詩に見いだしています。さらに他の人びとは、「責任ある（responsible）」という英単語とその同語源語の用法、および他のヨーロッパの言語に注目し、責任の観念は18世紀の哲学の言説にやっと安住の地を見いだし、その後主として代議政治に関する議論において使われるようになったと主張しています。

こうした学者たちは、個人の道徳的責任に関するわたしたちの現在の認識を、18世紀の革命でつくられた政治的・社会的背景を前提として捉えており、またミルを、政治的観念としての責任から個人的道徳観念としての責任への懸け橋と捉えています。この個人的道徳観念は、現代の文献で最も多く取りあげられているものです。現代の議論における主要なテーマは、責任、自由意志、決定論、またそれらに関連する概念の、それぞれの関係性に関するものです。哲学者はしばしば型にはまった例を使うものですが、現代の論文では、わたしたちが自分たちの行動に対し個々に責任があるのか、あるとすればどんな行動に対してかを取りあげます。哲学論文を保管するフィルペーパーズでは、「自由意志」に関して6000編、「道徳的責任」に関して1200編、「応用倫理学」に関して154編の論文をリストアップしていますが、「政治的責任」と「責任」というカテゴリーは存在しません。これで哲学関連文献が責任という観念をどの程度重要視しているのか、いないのかがわかるでしょう。

哲学的議論で中心となるのは責任の区別の基準で、責任が因果的か、道徳的か、法的かがあります。最初の近似モデルとして次の事例で区別できるでしょう。

もしジャックが発作をおこしジルの模型飛行機を壊したとしたら、ジャックにはジルの損失に対して因果的責任があるが、道徳的責任や法的責任はないといえるでしょう。もしケリーが自宅の歩道の雪かきをせず、ショーンが足を滑らせて転んだとしたら、ケリーにはショーンのケガに関して道徳的責任はあるが、因果的責任や法的責任はないといえるでしょう。もしパットが放蕩者と結婚したら、彼は連れ合いの死に関して法的責任はあるが、因果的責任や道徳的責任はないといえるでしょう。こうした事例がどの程度説得力をもつかは司法的直観と背景となる理論に依るでしょうが、いずれにせよ責任に関する常識的直観を単一の明快な概念にまとめるのは難しいことで、わたしがお話ししたいことの中心課題はこの点です。さまざまな矛盾をどう解決すべきかについては理論家の間でも意見がわかれています。

責任の概念は完全に組織立ったものになっていませんし、むしろ未開状態といえますが、この分野にも伝統的な見かたがいくつかあります。たとえば、因果的責任は道徳的または法的責任を問うのに必要だが十分ではなく、道徳的責任は法的責任を問うのには必要ないというのが広く認められた見かたです。後半の部分にはほとんど異論は出ていませんが、前半の部分に対して疑問が投げかけられています。前半の見かたを支えている基本的な考え（または感覚、感情または表情）は「自分が引きおこしたわけじゃないことに対してどうして道徳的責任や法的責任が発生するのか？」というものです。因果的責任が道徳的責任を問うのに必要だという見かたはミルの危害原則と密接に関連しており、現代のリベラリズムの根幹に近いものです。

哲学者や政治理論家の間では、危害原則の範囲とそのキーワードの意味が論じられていますが、一般市民の罪のない行動にはほとんど入りこまないのがリベラルな国家の基準になります。しかしながら、さまざまな社会のさまざまな時代において、人びとは、自分が引きおこしたこと（の因果的責任）だけでなく、自分の行動に対する道徳的責任も取らされてきたのは明らかです。事実、合意に基づく同性間のセックスや国旗の焼却のような、明らかに無害な行為に多くの人びとが道徳的な不安感や嫌悪感を抱きますが、戦争による人びとの死や環境汚染にはまったく心を動かされません。

ジョナサン・ハイト（Jonathan Haidt）やダニエル・ギルバート（Daniel Gilbert）などの現代の心理学者は、わたしたちの日常の道徳観念（リベラルな人間も含め）は危害の因果関係とあまり深く結びついていないと述べています。ハイトは、危害の因果関係に関する判断に加え、公正さや相互依存、集団内の忠誠、権威と尊敬、純粋性と気高さに関する判断が多くの人びとの道徳観念の基盤となっていると述べています。以前にお聞きになった方もおられると思いますが、わたしのすべての講演で長く引用させてもらっているギルバートの持論があります。それは――地球温暖化の問題点は、わたしたちの道徳観念に反しておらず、わたしたちを激怒させもせず、同性間のセックスや国旗焼却のような反応をおこさせるものでもないということです。なので、結果としてわたしたちは、地球温暖化に寄与する行動に対して道徳的な怒りを覚えない――というくだりです。

さて、因果的責任と道徳的責任との関係性を理解することをさらに難しくしている要素のひとつが、責任というものは、「因果的」などという修飾語がついているときでさえ、すでにほぼ間違いなく規範的な考えだという点です。だからロバート・グッディン（Robert Goodin）が「『因果的』責任の考えは、曖昧さのない専門用語に見えるが、実際はそうではない。ある結果に対する因果的責任を帰することは、道徳的議論の帰結なのであって、その前提ではない」と書いているのです。

わたしは、グッディンが事例を大げさに述べてはいるものの、因果的責任の帰属の規範性については正しいと思います。社会改革運動がしばしば、人びとがすでに因果的責任を認めている危害に対し道徳的責任を認めさせようとするのではなく、危害に対して因果的責任を認めさせる方向に向けられるという事実からも、そのことがわかると思います。だから、たとえば奴隷廃止論者たちが「ブラッド・シュガー（血糖／血の砂糖）」について語ったのは、普通の市民が砂糖を使うとき、自分たちも恐ろしい奴隷制度へ因果的に巻きこまれていると考えるようにさせるためだったわけです。

そしてウイリアム・フォックス（William Fox）が１７９１年に出した「西インド諸島産砂糖とラム酒の消費回避の正当性に関する英国民への呼びかけ」というパンフレットのなかで「我々のこうした産物の消費と必然的に結びついているのが、それに起因する現地の悲惨さで、アフリカから輸入された奴隷が生産した砂糖を1ポンド使うことは、人肉2オンスを消費したのと同じだと見なせるおそれがある」と書いたのです。ここでのポイントは、まず因果的な連想を創りだしており、それによって道徳的な連想が後からついてくるということです。因果的連想の段階で、すでに規範的な負担がかかっているのです。

今日、気候変動の活動家のグループも同じような試みをしています。車を運転するとか、肉を食べるとか、一見罪のないわたしたちの行動が、気候変動をおこすことと因果的に関与していると、わたしたちが認識するようにしようとしています。わたしたちがそこに因果性を感じるようになってくれば、評価的反応は、ある程度ついてきます。

今までのところ、わたしは因果的、道徳的、および法的責任を区別して、その間にある関係を論じてきましたが、道徳的責任が何によって他の観念と区別されるかについてはまだ触れていません。ジョン・スチュアート・ミルは「道徳的責任は罰を意味する。わたしたちが自分の行動に対し道徳的責任を感じるといわれるときには、それにより罰せられるという考えがわたしたちの心のなかに真っ先に浮かぶ」と書いています。

そして、ミルと彼に影響を受けた多くの人たちにとって、道徳的責任を因果的責任と区別しているのは、その制裁との関係なのです。道徳的責任を法的責任と区別しているのは、道徳的制裁が非形式的なものでありえ、場合によっては内面的にさえなるという点です。ミルによれば、わたしたちは人がその行為によって何らかの方法——法的（これは法的責任になるわけですが）でないなら、仲間の人たちの評価によって――罰せられるべきだと思わない限り、どんな行為も間違っているとは言えないのです。また罰は他人の評価でなく自分の良心の咎めという場合もあるのです（これが非形式的で内面的な制裁です）。

以上をまとめると、因果的責任はわたしたちが引きおこすことに関連し、その因果を帰する際にはしばしば価値観が関係してきます。道徳的責任は制裁を受ける行動が関係し、法的責任は一定の公的な制裁が適切なことを意味します。

哲学的文献の発展に関する状況について述べますと、１９６０年代と１９７０年代のＨ・Ｌ・Ａ・ハート（Herbert L. A. Hart）やジョエル・ファインバーグ（Joel Feinberg）の著作にはじまり、理論家の間で道徳的責任の概念を明確にすることが試みられ、その過程で多くの区別がつくりだされました。前向きと後ろ向きの責任、道徳的責任を伴うものの種類と道徳的責任の判断基準や特定の判定に見合う適切な制裁などです。

しかし文献が急速に増えるにしたがって、広範な領域に対するクリアーな視野を得ることがだんだん難しくなってきています。すでに指摘したように、いくつかの主題が――とくに基礎的で個々の作為者にかかわるものが大きな注目を集めてきたのに対し、文脈が限定されている主題、および政治的な主題はあまり注目されてきませんでした。

近年、集団責任に関する文献も出てきましたが、他の主題に比べるとまだわずかです。現在フィルペーパーズの文献一覧には２０９編がリストアップされています。これからこの講演は形而上学の問題からより実際的なものへ、そしてそこから集団責任の問題へと移行していくわけですが、おおむね未解決な主題から、ますます無視されているものへ移っていくことになります。

さらに、気候変動の問題そのものも（大まかにではありますが）取りあげていきます。これも責任という観念の適用を難しくしている問題です。わたしの著書『苦しいときの理性』(*Reason in a Dark Time*)にも書きましたが、気候変動がもたらす問題はわたしたちが日常生活で直面するものとはまったく異なっていて、そのため道徳的責任の言葉を適用するのが他の場合より難しく、かつやりにくくなっています。

そして今でも、人びとは世界の炭素循環をかき乱して気候変動を引きおこしていますが、正確に、あるいは大まかにでさえ、こうしたかく乱による被害を推定するのは難しいのです。二酸化炭素のような微量気体の大気中の濃度を上げても、即座に人の死にはつながりません。あるいは、炭素循環のかく乱による地球表面の温暖化のせいでベニスのおばあさんが死ぬこともありません。

炭素循環がかく乱され、温暖化が進んできて人は死に至るのですが、かく乱・温暖化と人の死の間に介在する社会的および物理的システムの計り知れない複雑さが、因果の認識や帰属を極端に難しく、実際的に不可能にさえしています。そして死に関して言えることが、他の被害に関してもあてはまるのです。

とはいえ、因果的にも道徳的にも、誰も個人としての責任をもつことなく、わたしたちが一緒になって多くの人を殺すことができると考えるのはおかしいと思われます。そして、次のような形で問題を提起すると解決策は明らかになると思われます。社会集団の一員としてどういう行動を取るかに関して、わたしたちには個人としての責任があります。デレク・パーフィットは「ある行動がたとえ誰にも危害を及ぼさないとしても、そうした行動がたくさん集まると他の人びとに危害が及ぶようなこととして、間違っている可能性がある」と書いています。この一節を構文解析するのは本当に難しいと思いますが、基本的直観ははっきりしています。社会集団の一員としてどう行動するかに関して、わたしたちには個人としての責任があり、これがまさに常識的道徳性の歴史を織りあげてきた糸のひとつで、自警消防団、PTAや、信頼に基づく社会福祉グループなどの道徳的基盤となっているといえます。

しかしこの直観がおもにあてはまるのは、均質なメンバーが一体感をもっている少人数のグループのようです。異常な状況下で、かつ短期間なら、たとえば戦争時の国全体など、より広い範囲にあてはめることができるでしょう。またこうした直観を拡大適用するには、具体的な敵や目標（たとえば戦争に勝つ）が必要になるようです。しかしながら、気候変動にはこうした特徴がありません。目標がはっきりせず、対応方法も多すぎるのです。さらに、温暖化が進むなかで生活するという状況は、異常なことではなく、むしろ新たな常態となっています。

さらに、哲学者の間で議論される集団責任の最も一般的なモデルも、個人による排出と気候変動の関係を完全に捉えきれていません。一般的なモデルのひとつは累積的モデルです。このモデルでは、インプットもアウトプットも微細なものながら、関連インプットが関連アウトプットをつくりだします。1000人の拷問者が各々電気ショックのノブを少しだけまわし、認識できない位に被害者への痛みを増していく、という事例で使われているのがこのモデルです。拷問者はそれぞれ、ほとんど認識できないような痛みの増加に対してしか責任がありませんが、拷問者全体で痛みを増やしているのですから、各々が認識できない程度とはいえ、痛みの増加については各自に因果的責任があると考えるのが妥当でしょう。

2番目のモデルは閾値モデルで、このモデルでは集団的寄与が具体的レベルに達しなければ影響が出ません。なので、たとえば、ぬかるみにはまった車は4人で押せば抜けだせますが、3人以下ではいくら押しても変わりません。こうした事例で個人の因果的寄与を測るための方法はいくつかありますが、重要なのは、この2番目のモデルではインプットが一定のレベルに達しなければアウトプットが出てこない点です。

大気科学の入門文献をざっと見ただけでも、個人による排出と気候変動の被害の複雑な関係にとって、累積モデルは非常に不適切であることがわかります。このモデルが妥当と思われるのは、炭素の排出を考えるときにしばしば使われる、浴槽の比喩の誘惑によるものです。この比喩では炭素の排出は浴槽にお湯をいれるようなもので、お湯が浴槽からあふれてはじめて被害がおこるというものです。これは非常に直観的で、教育目的にはある程度役に立つでしょうが、真剣に検討してみると非常に誤解を招きやすい比喩です。

個人が排出した炭素は、積み重なることも、大気をあふれさせることも、被害を引きおこすこともありません。ただ、古い1957年型シボレーを好き勝手に乗りまわすと地球の炭素循環をごくわずかにかく乱し、定量化や特定化が難しい形でさまざまな変動やフィードバックに影響するだけです。微分子は大気中に何世紀も留まるかもしれないし、数年以内に生物圏に吸収されるかもしれないし、または海水に入りこむかもしれません。いずれにせよ、わたしたちには自分が排出する特定の微分子の行く末はわからないのです。

閾値モデルは、気候システムにはいくぶん適用性が高まります。気候システムには実際に閾値が存在しているからです。しかし、比喩が捉えていないのは、気候システムのダイナミックな特徴や、それぞれ異なる構造をもちながら同時に発生するプロセスが膨大に存在するという事実、個人による排出から被害まで移行する過程で関係してくる規模の違い、かつ規模の大きさの各段階におけるシステムはそれぞれ無数の要素から影響を受け、その多くは他の規模の段階においては因果的に活動するものではないという事実です。

つまり、わたしの排出と気候に関連する被害との関係は、閾値モデルの事例のような、わたしが押すと自動車がぬかるみから抜けだす関係とはまったく異なるのです。ウォルター・シノット・アームストロング（Walter Sinnott-Armstrong）が「わたしが自動車を好き勝手に乗りまわしたせいで温暖化や気候変動やそれに伴う被害が引きおこされているわけではない」と主張するようになったのは、こうした考察によるものです。わたしたちは一緒になって、多くの人の死を招くような方法で大気の構成を変えているのです。この事実は、どんなに恐ろしくとも、炭素を排出する個人はその排出に対して道徳的責任があるという揺るぎない結論を即座に意味するのです。

ここで責任の問題に戻ります。いままで述べてきたように、責任の観念は論争を呼んでいる分野であり、規範を支持するグループは責任の帰属を論じ、反対グループはこれを否定するか、または帰属を他に振り替えています。米国の政治的な言説から、極めて典型的な例を検討してみましょう。誰かが「米国の手ぬるい銃砲規制法が銃による暴力の原因になっている」と意見を言います。すると別の誰かが「いや、規制うんぬんが原因ではない。責任があるのは邪悪で狂った銃の射手のほうだ。それに、こうした事件はどうやっても発生するものだ」といいかえします。

こういう例はいくらでも挙げることができます。ポイントは、こうした事例ではどちらが正しいかについて価値中立的な事実がないことです。責任の観念が形成され、そして特定の目的のために利用動員されます。この領域における議論は相手に責任の本質とその概念の適用に関する基本的な真実を理解させるためではなく、むしろ主として自分の意見に賛成するよう相手を説得することが中心となっています。責任の帰属というポイントは実際的なものです。その現代性、柔軟性またその範囲と利用法が分野横断的な性質をもつことを考えると、それが多元主義の支配する領域であることは驚くにはあたりません。

わたしたちに気候変動の責任を取らせたいグループにとっての課題は、責任が帰属することを支持する観念を構築し、普及させ、わたしたちを動機づけて参加させていくことです。課題となるのは、既成の概念が実際にあてはまるのだとわたしたちに納得させることではなく、わたしたちの目的を達成するような考えかたを形成し、促進させることです。

研究活動のなかで、わたしは「介入責任」と呼ぶシンプルな考えかたを構築しました。本当のところ、クライメート・ジャスティス（気候正義）運動の主眼はここにおかれるべきです。介入責任の考えかたは、ただ単に次のようなことを言うためのものです。ある行為者が干渉して、望ましくない事態が生じたとき、行為者はその事態に責任があり、彼が干渉したことが原因になっている。それだけに、行為者は過大なコストを支払わなくてもその事態を大きく軽減できる可能性がある、というものです。

ここに哲学者の間で議論の対象となりうる微細ながら価値のある材料が無数に存在します。しかし、気候変動への対応にわたしたちが責任を取り、また他の人が気候変動に介入できる場合には同じように責任を取るよう促す、という直観的な考えから出発すれば、これにより、責任があなたやわたしにあるとか政府にあるとかいうものではなく、責任はわたしたち全員が取るものであるという議論へと開かれていくと考えます。個人、政府、準国家機関や、とりわけ企業（いままでほとんど問題視されてきませんでした）も含めた全員です。複数の行為者に責任を割りあてるのに矛盾はありません。というのは、介入責任とは、社会組織のなかのそれぞれ異なるレベルにいる行為者が干渉／介入する際にもつ因果的な力に関するものだからです。

最後に企業に関してお話しして、締めとしたいと思います。企業は責任に関する議論でほとんど問題とされてこなかったのです。米国にいるわたしたちは、自分たちのカーボン・フットプリント（二酸化炭素などの温室効果ガスの出所を調べて把握すること）のことを懸念して多くの時間を費やしています。わたしたちは政府や他の機関を非難するのに多くの時間を費やしていますが、まだご存知ない方のために申しあげると、昨年リチャード・ヒードの画期的な論文が発表されました。この論文が大筋として示しているのは、１８５４年から現在までの間の炭素とメタンの全排出量のうち、実に63％が、基本的には90社の企業からだったということです。この内の83社が石油、天然ガス、石炭の生産者で、７社がセメント製造業者でした。この90社の内、50社が民間企業、31社が国を筆頭株主とする企業、そして９社が完全な国営企業でした。たった４社を除き、残りの企業はすべてまだ存続しています。彼らは世界の43ケ国に本社をおき、そのいくつかは先進国に、またいくつかは発展途上国を本拠地にしています。

わたしが言いたいのは、企業は非常に効率的に排出量を削減できるし、市場規律に迫られればより効率的に協力できる点です。しかし、彼らの行動が公正な結果を生む保証はなく、また彼らに影響を与えるのも難しいかもしれません。それでも、投資資金の引き上げ運動（ダイベストメント）や株主の現状改革主義などは、企業の介入責任がやっと優先項目になりつつある有望な兆候です。わたしが描いている将来図は、責任について誰のせいかを考えるのではなく、誰が責任を取るべきかを考えるということであり、基礎的な規範の問題なのです。

そうすることで、行為のレベルがそれぞれ異なることが明らかになってきます。ある行為が社会のどのレベルにあるかによって、結果に影響を与える素質も、能力も、強みも弱みも違ってくるということです。以上が、責任と気候変動との間の関係についてのわたしの見かたです。

気候変動の時代に考える責任の所在

豊田光世

はじめに

2013年に出版された非常に興味深い論文があります。オーストラリア・クイーンズランド大学のジョン・クック（John Cook）が中心となって実施した研究の成果で、地球温暖化が人為的に引きおこされたという見解に対して、科学者はどのような立場をとっているかを明らかにしたものです。1991年から2011年までに出版された温暖化に関する1万1944件の論文の要旨を分析し、8547名の執筆者を対象にした補足調査を実施することで、科学者の意見の傾向を数値化しました（Cook, et al. 2013）。

結果は、次のようなものでした。66・4％の論文の要旨は、地球温暖化を人為的と考えるか否かについて明確な立場を示していませんが、32・6％が肯定、0・7％が否定、0・3％がわからないという立場を示しています。一方、執筆者に対する調査では、1200名が回答し、62・7％が人為的要因によると考えており、賛否いずれかの立場を示した科学者のなかではその割合が96・4％にも上ります【1】。気候変動を人為起源とする見かたは、IPCCの報告書のなかでも示されており、優勢な認識になりつつあります（ただし、市民が広く同意しているというわけではありません）。

もし気候変動という問題が人為的に引きおこされていることを認めるのだとしたら、人間はこの問題に対して、なんらかの責任があり、問題の緩和・解決に向けてアクションをおこす必要があるでしょう。どのような策を講じるべきか、行政機関、企業、研究機関などは、気候変動の要因とされている温室効果ガスの削減に向けて、実装可能な技術開発や制度設計の開発を進めてきました。この問題は、技術的な観点から取りくむ必要がある一方で、「人間の責任」という倫理的観点からもアプローチしていくことができます。

会議のなかでは、筆者のほか、2名の研究者が責任の概念に着目して気候変動をめぐる問題を論じました。ワシントン大学のステファン・ガーディナー（Stephen Gardiner）教授とニューヨーク大学のデール・ジェーミソン（Dale Jamieson）教授です。

ガーディナー氏は、将来世代へのまなざしをもつことの大切さを強調しています。彼は、環境問題について語るときによく参照される「コモンズの悲劇」をモデルとして、気候変動の問題にアプローチすることは難しいといいます。コモンズの悲劇とは、自分の利益を拡大することで、後にツケがまわり、結果的には自分自身も大きな損失を被る状況を描写しています。ただし、気候変動は世代を超えて影響を及ぼすため、ツケをまわされるのは、現代を生きるわたしたちではなく、未来の世代であるわけです。

このような観点は、たとえばハンス・ヨナス（Hans Jonas）が1979年に提示した将来世代への責任論においても示されています。彼は、科学技術が未来の人間の存在を脅かす力をもつことを指摘し、通時的な責任について論じました（ヨナス 2010）。それから約40年が経った現在において、わたしたちが将来世代への責任を十分に果たすことができているかを考えると、疑問が残ります。ガーディナー氏は、問題から目をそらして本質的な解決に迫らない策しか追求しなかったり、責任転嫁を続け、解決を次世代へ押しつけたりするような状況を「現代の暴君（tyranny of the contemporary）」という言葉で強く非難します。未来の世代に焦点をあてた規範が必要だということを強調し、地球規模の憲法制定会議（Global Constitutional Convention）を実現していくことが重要だと述べました【2】。

ジェーミソン氏は、気候変動問題をめぐって「責任」を論及していくことの難しさを論じています。難しさの背景にある理由には、①因果関係が非常に複雑で、行為と結果の認識が困難であること、②温暖化を引きおこす行為は日常的なものであり、必ずしも道徳的な不快感をもたらすわけではないということが挙げられます。また、気候変動をめぐっては、多くの人が関与する「集団責任」という認識も重要となるわけですが、これまでに倫理学で議論されてきた集団責任のモデルでは、個々のアクターの行為と気候変動の関係を十分に説明できないと、ジェーミソン氏は述べています（75ページ）。そこで、責任を「問題の原因」ではなく「参画の促進」という観点から捉えることを提案しています。彼は「介入責任（intervention responsibility）」という概念を掲げ、問題解決に向けて自分にできることがあればアクションをおこす責任があるということを主張しました。

ここでわたしが議論したいことは、ジェーミソン氏が述べる介入責任と深く関係があります。わたしは地域の環境問題について考えていく市民参加のプロセスを研究していますが、責任の所在を探る話しあいは、ときに他者への批判の応酬へと発展し、問題解決を導くとは限りません。責任は行為の源泉にならずに、障壁になることさえあります。しかしながら、ある話しあいの場に参加したときに、シンプルな視点で責任を捉えることができることに気づかされました。そのきっかけとなったのは、子ども達の声でした。彼らの声は、まさにジェーミソン氏の言う「介入責任」を象徴していました。本章では、日本で顕在化している気候変動の問題として自然災害の激化に焦点をあて、「責任」というものをどのように捉えていくべきか、環境保全の現場で展開した議論をふまえて掘り下げます。

激化する自然災害

日本語には雨を描写する言葉が多いそうです。『雨のことば辞典』には、雨にまつわる言葉ばかりが約１２００語紹介されています（倉嶋&原田 2014）。このことは、温暖湿潤な気候によって、豊かな水の恵みを受けて発展した日本の文化を象徴しています。もちろん干ばつに悩まされる年もありますが、平均した年間降雨量は、世界平均の２倍だといいます。こうした気候の特徴は、恵みだけではなくリスクももたらします。和辻哲郎は『風土』のなかで日本を「モンスーン的」と描写し、「豊富な湿気が人間に食物を恵むとともに、同時に暴風や洪水として人間を脅かす」と述べています（和辻 2001, p. 163）。この国が発展する過程で、水害はさまざまな履歴を残してきました。

水害の影響は、近年ますます顕著になっています。21世紀に入り、雨を表す新たな言葉が聞かれるようになりました。たとえば「ゲリラ豪雨」や「局所的集中豪雨」などです。これまでの雨の言葉では表現できないような雨の風景が、新たに生まれているのでしょうか。気象庁によれば、１時間降水量が80㎜以上の年間発生回数は、徐々に増加しています（気象庁）。「異常」、「記録的」という言葉も、メディアで頻繁に使われるようになりました。過去５年溯るだけでも、大規模な山崩れが発生した広島豪雨災害（２０１４年８月）、常総市の約１／３が浸水した関東・東北豪雨（２０１５年９月）、史上初の三つの台風の上陸を受けた北海道大雨（２０１６年８月）、地形が一変する規模の地滑りが発生した九州北部豪雨災害（２０１７年７月）、死者数２００人を超えた平成30年７月豪雨災害（２０１８年６〜７月）など、毎年のように甚大な被害が発生しています。多くの人命が失われ、財産の破損や産業の衰退が生じ、コミュニティの弱体化を招いています。

自然災害の激化は、わたしたちにどのような倫理的課題を投げかけているのでしょうか。災害が発生したときの責任問題として話題に上がるのが、行政機関によるインフラ整備や避難指示の適切性です。行政機関は、必要な措置を講じたかという視点から責任を問われます。十分な防災対策を、ハードとソフトの両面から検討していくことが、市民の税金を活用する立場にある行政機関の重要な役割だからです。ただし、もし自然災害が人為的な要因による気候変動の結果生じているのだとしたら、行政機関の責任問題だけではなく、豊かなエネルギーに支えられた便利な暮らしの恩恵を享受している人びとは皆、被害に対して何らかの責任があることになるのでしょうか。

気候変動の進行と自然災害の激化の関係は、災害を捉える視点を大きく変えることにつながります。日本では、自然災害を「天災」と呼んできました。「天」は、人間の力の及ばない次元のものです。「天気」「天候」などの言葉にも「天」が含まれていますが、こうした事象には人間がコントロールできない大きな力が働いていると考えられてきました。「天災」の対極にあるのが「人災」、人間の過失によって引きおこされた災いです。

自然災害が天災であるならば、倫理的な課題は、先述した行政対応のような副次的な責任の追及にとどまります。一方、気候変動は人為的要因によるという見かたは、気候変動の結果生じている自然災害を「人災」と捉えていくことにつながっていきます。そうだとすれば、現代的なライフスタイルの恵みを享受している人びとすべてが、水害や土砂災害の発生に対する責任を問われることになるのでしょうか。

もちろん、自然災害を人災と認識することについて、批判的な意見もあるでしょう。気候変動の発生について、人為的かどうかを明確に示す科学的データはないという見かたもあるからです。責任を因果的論理で解釈するのなら、問題の原因を特定することが責任の有無を明らかにするうえで重要になります。しかしながら、その過程で二つのハードルが存在します。第一に、複雑な要因が絡まって生じる気候変動という現象の因果関係を示すことが技術的に容易ではないということです。第二に、気候変動が人為起因かという議論は、原因を科学的に明らかにするという技術的な観点だけではなく、非常に難しい価値の対立を含んでいるということです。

化石燃料を浪費することで成りたってきた産業や経済活動を見直すことが迫られ、そのなかで、利益の縮小を迫られる場面が想定されます。経済発展か環境保全かという二項対立的な思考は、社会のなかに根深く残っています。そもそも環境問題は政治的につくりあげられたもので、事実ではないという主張さえあります。環境対策という市場が活性化することで利益を得ている人びとが、環境問題をでっちあげ、これまでの産業を否定しようとしているという見かたをする人もいます。こうした意見が存在するなかで、気候変動の問題を危惧する科学者が、この問題の人為起因を科学的に示そうとしたとしても、「それは環境主義者の策略だ」という声は消えることはないでしょう。議論は堂々巡りのように見えます。

腑に落ちない議論が続くなか、自然災害の激化は徐々に進んでいます。わたしたちは、この状況をめぐる自身の責任の有無を問うだけで、膨大な時間を費やしてしまうのでしょうか。責任というものを少し違う観点から捉える必要性が生じています。

「責任」を捉える

ジェーミソン氏は、「責任」をめぐる議論を、「因果的」「道徳的」「法的」という三つの区分で捉えています（69～79ページ）。責任の概念には、これらの区分が混在しており、ひとつの明快な概念としてまとめることは困難だとしています。

気候変動が人間の活動によって引きおこされているのかどうかを問うことは、因果的な関係を明らかにすることで責任の有無を示すことにつながっていきます。この問いに関する科学者の合意について先述しましたが、多くの研究者が連関を認めているからといって人間活動と気候変動の間の明白な因果関係を示すことは困難です。さまざまな行為が、複雑に絡まりあって、気候変動という現象につながっているからです。つねに不確実性を伴うため、因果的に責任を追求することは極めて難しいわけです。

しかしながら、ガーディナー氏は、そもそも不確実性が、アクションをおこさない理由にはならないと指摘しています（Gardiner 2004）。「行為と問題の因果関係が不確実な場合は何もすべきでない」という論理は、そもそもわたしたちの日常の感覚と合致しているでしょうか。何か問題が生じていて、その問題が自分の行為によって引きおこされた可能性があるのだとしたら、因果的関係の証明を待たずに状況を変えるために何かしようとするのはごく自然なことです。

また、そもそも責任というものは、因果的に説明しうるのかという議論もあります。たとえば小坂井は、心理学や認知科学の研究に基づいて、行為の出発点は必ずしも意志や意識ではないことを指摘しています（小坂井 2008）。他者や社会環境からつねに影響を受けること、行為の帰結が運に大きく左右されること、行動を根本的に規定するものとして「無意識」が強く作用していること、行為の連鎖は果てしなく遡ることができることなどをふまえると、「自由意志をもつ人間がみずからの行為に対して責任をもつ」という倫理学の合理性が大きく揺るぎます。具体的なケースをもとに因果論的責任の概念が孕む矛盾を説き、「責任は社会的に生みだされる虚構」だと小坂井は主張します。「社会秩序という意味構造のなかに行為を位置づけ辻褄あわせをする」ことが、責任と呼ばれる社会慣習だといいます。

責任は必ずしも因果的に論じえないことは、「集団責任」という概念において顕著に現れます。集団責任では、自分がやっていないことに対しても責任をもつわけです。気候変動という現象をめぐっては、まさに「人類の責任」という究極の集団責任が生じています。ハンナ・アレント（Hannah Arendt）は、集団責任が成立するための条件として次の二点を挙げました（アレント2007）。①自分が実行していないことについて責任を問われること、②自発的には集団から離脱できないことです。人は人類という集団から逃れることができないが故、第二の条件は絶対的なものです。さらに、第一の条件は、子どもたちやまだ生まれていない未来の世代をも巻きこみます。人は、この世に生まれてきた時点で、気候変動という問題と対峙することを求められるのです。アレントは集団責任を「政治的なもの」と捉えましたが、気候変動をめぐる人類の責任は世代と国境を超えて生じています。

「人類の責任」という究極の集団責任からは二つの難しさが見えてきます。第一に、皆に責任があると考えることで、他者依存の意識、「誰かが責任をとればいい」「自分が問題を解決する必要はない」という心理が働きます。第二に、多くの人がかかわる問題と捉えることで、自分の力の限界、「自分がアクションをおこしても変わらない」という無力さも生まれます。

ジェーミソン氏の提示した「介入責任」の概念は、因果の不確実性や集団責任が孕む難しさをふまえつつ、問題解決に向けた手がかりを見いだすための提案です。介入責任とは、問題解決のために大きな犠牲を伴わなくとも何かできることがある場合、わたしたちは何らかのアクションをおこすべきだという考えかたです。この概念は、「責任の所在を明らかにする」というときの責任とは、大きく異なる意味をもちます。より良い社会を構築していくために積極的にできることを考えていく、参画型社会を支える価値を提示しています。

介入責任という概念が意味している価値観は、必ずしも新しいものではありません。たとえば、社会問題の解決を目指すＮＰＯのような活動組織では、問題を生みだしているわけではない人たちが、問題解決の必要性を認識してアクションをおこします。その際に、アクションの源泉となっている責任感のようなものを「介入責任」と呼ぶことができるでしょう。また、企業の社会的責任（CSR: Cooperate Social Responsibility）も、社会の一員として社会問題の解決に積極的に働きかけようという考えかたに基づくものです。したがって、これまでにも「介入責任」が示唆する価値は、社会のなかで生かされてきたといえます。それでも改めてジェーミソン氏が「介入責任」という概念を提案したのは、これまで倫理学のなかで議論されてきた責任の概念に、こうした視点が欠けていることを示唆しています。

また、理論だけではなく、実践の観点からも充足感に欠けます。気候変動にかかわる専門家の間では、問題の解決に向けたアクションが十分に蓄積できていないのではないか、１９８０年代からさまざまな国が参加してこの問題に取りくむ体制が構築されはじめたにもかかわらず、解決の兆しがなかなか見えていないのではないかという焦りがあります。温室効果ガスの排出量は、世界でも、日本でも、まだ右肩上がりで増えています。ＮＰＯやＣＳＲなどの例に見るとおり、社会実践の現場では因果的観点とは異なる意味をもつ「責任」が働いていて、さまざまな課題を解決してきましたが、しかしながら、気候変動という問題については、なかなか顕著な進展が見えていないのが現状です。そうしたなか、環境倫理学では、課題解決に向けたアクションを後押しするための理論の探究が模索されているのです。「介入責任」という概念は、そのためのひとつの提案だと考えられます。

概念の提示は、問題解決に向けたひとつのアプローチではありますが、もっと実践レベルの議論に踏みこんだ考察も不可欠でしょう。わたしは、社会実践を基盤に環境倫理学の研究を進めてきました。多様な立場の人びとが集い、地域環境の課題について考えていく対話の場を創造しながら、課題解決に向けた選択肢を生みだしていく、コミュニケーションや合意形成のプロセスをデザインしています。環境保全の現場では、責任の所在を明らかにして改善を求めていく因果的・義務論的視点に束縛され、課題解決がなかなか進まないということが多々あります。そうした状況をいかに打破していけばよいのか、そのために必要な視座について、事例をふまえて考えてみます。

課題解決のために必要な視点

課題解決に向けた合意形成は、多様な立場の人びとが集う対話を通して、問題認識を共有することからはじまります。問題解決のための選択肢を皆で創造し、実装へとつなげていくco-designのプロセスを設計することが、鍵となります。人は異なる価値観、問題意識をもっています。したがって、問題認識の共有は、参加者が違う方向を向いている状態からスタートします。視点の多様性は、コンフリクトの種となる可能性がありますが、同時にさまざまなアイディアを生みだす源泉ともなります。多様性がうまく生かされるか否かは、対話の場をいかにデザインするかに大きく左右されます。

何が問題なのか、なぜその問題がおきているのかということだけではなく、なぜその問題が気になるのか、自分だったら解決のために何ができそうかということを、一人ひとりが考え、語ることができる場をつくることが、co-designの第一歩です。ひとりの語りは、個人的な観点に基づくものかもしれませんが、主観が対話の場で共有されたときに、他の視点と相互反応をおこしながら、ダイナミックな価値の創生や転換が生まれます。環境問題に取りくむうえで、こうしたコミュニケーションプロセスは、実践を生みだす土壌を育んでいきます。

ただし、気候変動、あるいは地球温暖化という問題をテーマに対話をすることは、容易ではありません。暮らしと密接にかかわるテーマであるにもかかわらず、気候変動や温暖化について実感をもって語ることは、多くの人にとって難しいからです。適応策も地域に根ざしたものとなっておらず、白井らは、「気候変動の地元学」という概念のもと、問題を地域ごとの状況とあわせて分析するボトムアップのアプローチを提案しています（白井ら2018）。ローカルな視点で気候変動を捉えることが十分にできていない現状を打破する新たな試みです。

一方で、自然災害、とくに洪水は、日本人にとって身近なテーマです。先に述べたような甚大な洪水被害だけでなく、小規模の洪水のリスクはあらゆる場所で発生しています。降雨量が多いだけでなく、急峻な河川が多いこと、また水を貯める機能が乏しい都市空間が拡大していることなどが、洪水の危険性を高めています。地域の環境保全について話しあう場でも、水害対策は重要な検討事項としてしばしば取りあげられます。

もちろん、語りやすいテーマだからといって、生産性の高い話しあいができるとは限りません。水害対策についての対話は、ときとして行政機関の責任追及に終始してしまいます。水害対策のなかには、行政機関の管轄で進めるべき事柄を多く含むからです。しかしながら、視点を変えて状況を捉えると、全く異なる責任の取りかたがあることに気づきます。具体的な例を通して、このことを少し掘り下げてみます。

東京都杉並区を流れる「善福寺川」の再生に向けた話しあいでのことです。この川は、全長10・5kmの一級河川で、密集する住宅地を通り、神田川に合流します。コンクリート三面張で、深く掘り下げられた都市河川であることから、生き物の生息環境、あるいは人が水に触れる環境として、改善の余地が多くあります。また、この川は、大雨のたびに氾濫することから、深刻な衛生問題を抱えています。洪水の大きな要因となっているのが、流域に整備された下水システムです。合流式下水道という雨水と汚水を同じ管で流すシステムのため、大雨で管を流れる水量が一定量を超えると、未処理の下水が河川などに放流されるという問題がおこるのです。

こうした課題をもつ善福寺川を、人と生きものが集う里川として再生しようと、研究者の声がけで、地域住民、市民団体、教育関係者などが定期的に集まり、検討会や勉強会を重ねています【3】。その際にいつも話題になるのが、合流式下水道を一刻も早く改善できないかということです。下水システムを改善しなければ、川の水質問題は一向に解決できないことから、参加者の多くが下水道の管理主体である行政機関に対する強い要望をもっていました。多くの人が望む事業ではありますが、実現するのは極めて困難です。具体化するためには膨大な費用がかかるうえ、住居が密集しているエリアで下水システムを再整備する工事を要するからです。下水道を改善できないのなら、里川の再生など本質的に実現できないのではないかと、参加者の多くが感じていたはずです。

しかしながら、意見交換に参加していた地元の井荻小学校の子どもたちは、次のように語りました。「下水道をすぐに変えることはできないけど、下水が川にあふれないように、自分たちにもできることがあるはず。たとえば、大雨のときに洗濯やシャワーを控えるようにしたら、下水が溢れるのを防ぐことができるかもしれない」。子どもたちのこの発言を聞いて、行政機関への陳情ばかりを考えてきた人たちは、ハッと気づかされました。管理者への働きかけももちろん重要ですが、自分たちですぐに実践できることの試行錯誤を忘れてはいけないはずです。環境改善のために実現可能なことをしっかりと考えることもわたしたちの責任なのではないかと、子どもたちから教えられたようでした。

意見交換に参加していた子どもたちは、普段から自主的に善福寺川の清掃や調査をおこなっていました。彼らよりも何学年も上の先輩が5年生だったとき、社会科の授業で京都の鴨川が再生したことを学び、ぜひ自分たちも学校の近くを流れる川をよくしたいと、先生に頼んで善福寺川の保全をはじめたのだそうです。衛生上、また構造上、容易に川に入ることができないため、周辺の掃除をおこなうことで川に流れるゴミの量を少しでも減らそうと、毎週活動をおこなってきました。この活動は、後輩にも引き継がれ、学校をあげての取りくみへと発展していきました。

課題解決に従事してきた子どもたちの言葉だからこそ、参加者の心に強く訴える力がありました。責任は、英語で

responsibility といいます。「応答（respond）する能力」と捉えることもできます。しっかりと目の前の状況に応答し、アクションを生みだしてきた子どもたちは、流域住民としての責任を立派に果たしていました。この責任は、因果的根拠に基づくものではなく、よりよい環境を実現したいという思いに根ざした参加の精神であり、環境正義を象徴するものだとも言えるでしょう。課題と行為を結びつける感受性の豊かさとも解釈できます。

わたしたちは、気候変動の時代に、どのような責任を果たしていくべきでしょうか。本章で述べたとおり、論理的には堂々巡りにもなりうるこの問いを、行為の源泉に変えていく視座が子どもたちの発言に隠されています。「責任」を「責務」としてだけでなく、アクションを生みだす創造的な価値のなかで捉えていくことが、理論的な呪縛を緩めるために必要です。気候変動をめぐるアクションは、ビジネスの分野では活性化しつつあります。この問題に対応しないと損をする、あるいは、この問題に対応することで利益を生みだすことができる企業が出てきたからです。日本は遅れをとっていると非難されていますが、経済産業省は「温暖化適応ビジネス」をテーマに、推進や支援のしくみを具体化していくための議論を進めています。

倫理より市場によって人は動くということでしょうか。たしかに、気候変動の問題を解決していくことを通して経済的なメリットを生みだすことができなければ、持続的な取りくみは困難です。人びとの関心も十分に引きつけることができないかもしれません。しかしながら、この問題がわたしたちのライフスタイルや産業、その根底にある価値観に起因しているのだとしたら、倫理的な議論を通して問題の構造を問い深めていくことには大きな意味があります。人びとの行為や語りから見えてくる、実践に即した倫理的探究を今後も続けていくことが、環境倫理学の新たな可能性と役割を見いだすことにつながるのではないでしょうか。

注

1　この論文に対しては、さまざまな批判もあがっています。科学者は地球温暖化を人為起源と認めたという強い印象を与えることで、否定している研究者の見解がないがしろにされるうえ、人為起源ではない可能性を模索する芽を摘み取ることになるからです。

2　ガーディナー氏の論考は本書に収められていませんが、彼の論考は、２０１４年にカーネギー財団が発行した雑誌で詳しく述べられています（Gardiner 2014）。

3　善福寺川の再生に関心をもつ人びとが集うプラットホームとして、「善福寺川を里川にカエル会」が２０１３年４月６日に設立されました。地域団体、学校、住民をつなぐしくみとして、また善福寺川再生のための技術的検討をおこなうため、河川技術者や研究者も参加して活動を進めています。

引用文献

Cook, J., Nuccitelli, D., Green, S.A., Richardson, M., Winkler, B., Painting, R., Way, R., Jacobs, P., & Skuce, A. (2013). Quantifying the consensus on anthropogenic global warming in the scientific literature. *Environmental Research Letter,* 8, 024024.

Gardiner, S.M. (2004). Ethics and global climate change. *Ethics,* 114, 555-600.

Gardiner, S.M. (2014). A Call for a global constitutional convention focused on future generations. Ethics and *International Affairs*, 28(3), 299-315.

The Intergovernmental Panel on Climate Change. (2014). *Climate Change 2014 Synthesis Report Summary for Policymakers*, https://www.ipcc.ch/pdf/assessment-report/ar5/syr/AR5_SYR_FINAL_SPM.pdf.

アレント、ハンナ（2007）『責任と判断』ジェローム・コーン編　中山元訳　東京　筑摩書房

気象庁「アメダスで見た短時間強雨発生回数の長期変化について」http://www.jma.go.jp/jma/kishou/info/heavyraintrend.html（閲覧日：２０１８年１月７日）

倉嶋厚　原田稔（2014）『雨のことば辞典』東京　講談社学術文庫

小坂井敏晶（2008）『責任という虚構』東京　東京大学出版会

白井信雄　田中充　中村洋（2018）「『気候変動の地元学』の実証と気候変動適応コミュニティの形成プロセスの考察」『環境教育』27(2)　62-73

和辻哲郎（2001）『風土（第41版）』東京　岩波文庫

ヨナス、ハンス（2010）『責任という原理―科学技術文明のための倫理学の試み（新装版）』東京　東信堂

気候変動——最も難しい道徳的挑戦？

イングマー・ペルソン

この論文では、わたしたちが二酸化炭素（CO_2）排出量を削減し、人間活動に起因する気候変動を抑制するために道徳上やらなければならないことをやるのを非常に難しくしている要因が何かを考察します。ここではその原因を2種類に分けて取りあげます——種類(1)の要因は、わたしたち個人が日々のCO_2排出行為において発生させる被害を過小評価させ、ひいてはこうした行為の誤りも軽視させるもの、種類(2)の原因は、大きな被害をもたらす気候変動を有効に抑制するにはわたしたちが協力して日々のCO_2排出行為を抑制することが必要ですが、その協力をおこなうのを難しくしているものです。種類(1)の要因には、気候変動の被害に時間的な切実感がない点や、わたしたちの行為と気候変動の被害の因果関係が明確でないという事実、また無数の化学物質が組みあわさって被害を発生させており、それはわたしたちが日常的に繰り返す行為によって、広大な地域に排出・拡散され、被害者の数も膨大であり、どの要素も限定・特定ができないことなどが挙げられます。種類(2)の要因については、よく知られている「コモンズの悲劇」（共有資源の乱獲）における協力の問題点と当然のように比較されますが、この類推はいくつかの点でCO_2排出削減の問題と異なっており、それが事態をより一層難しくしているとの見かたを取ります。たとえば、世界の国々の間には、裕福さ、現在までの排出量、および気候変動の被害の度合いに著しく差異があります。さらに、排出削減協定の履行を確認し、協定から離脱した国に制裁を科すのは、とくにこうした協定の合意にかかわっていない未来の世代を巻きこむようになるので、より一層難しくなります。これらの要因が重なって、CO_2排出量削減による気候変動の抑制は、人類が直面している最も難しい道徳的挑戦と捉えるにふさわしいものとなっています。

イェール大学気候変動コミュニケーションプログラムに参画しているトニー・ライザロウィッツ（Tony Leiserowitz）は人間活動に起因する気候変動への対策を立てることにつき「わたしたちの基層心理とこれほど相性が悪い問題を考えだすのは不可能に近い」と述べ、さらにハーバード大学心理学教授のダニエル・ギルバート（Daniel Gilbert）も「麻痺状態を生むのにこれほど格好のシナリオを描くのには心理学者も苦労するだろう」【1】と、これに同調しています。この講演でわたしは人間活動に起因する気候変動の抑制は現在、人類が直面している最も難しい道徳的挑戦だと見る悲観的な分析を補強する原因を詳しく説明します【2】。わたしたちが道徳上何をしなければいけないかを理解するのが難しいという意味ではありません。広く言って、やるべきことはおおむねわかっていて、たとえばCO_2排出量を著しく削減するなどです。頭ではやるべきだと理解していることを実行に移す人が、充分な数にまで達するのが難しいという意味なのです。しかしこの道徳的問題がこうした意味で最も難しいという事実をもって、これが人類の直面している最も深刻な道徳的問題だということにはなりません。たとえば、アフリカでの出生率が非常に高く、出生力転換（出生率低下）がさらに進まなければ、人口が現在の11億から2100年には41億に膨れあがり、今世紀中により多くの人的被害やより多くの生態系資源に被害を及ぼす可能性がある状況を考えると、その防止策のほうがより深刻な問題だと思われます。

CO_2排出量を削減して有害な気候変動を抑制するのが困難な要因は、ふたつに分けられます【3】。ひとつめは、わたしたち一人ひとりが日常的にCO_2を排出している行動が生みだす被害そのものや、こうした行動の「悪さ」をわたしたちに過小評価させる要因です（たとえば車の運転など）。ふたつめは、わたしたちの日常的なCO_2排出行為を制限してこうした行為から発生する気候変動の被害を防止するには協力が必要だが、その協力を難しくしている要因です。当然のことながら、双方にまたがる要因も出てきますが、まず自分の行為に問題があるものが含まれているという実感をもつのが難しいため、それを抑えるために協力しようというモチベーションがあまり上がらないからです。したがって、まずひとつめの要因の一覧からはじめます。

出発点として、以下の問いについて考えてみてください。ある行為が発生させる被害が甚だしい、あるいは疑いの余地がないほど明らかな状況において、ある行為者がおこした害とは何なのでしょうか、また、その害を与える正当な理由がないとして、その行動を悪とする理由は何なのでしょうか？ たとえば、わたしがあなたの顔に強いパンチを浴びせたとしましょう。でもあなたはわたしの重大な脅威になってはいないし、ほかにも正当な理由などないという場合です。これが著しい被害を与えるケースに見える要因は何でしょうか。わたしたちの大半が目撃すればショックを受け、自分がそんな行為をするのは夢にも考えられないと考えさせている要因は何なのでしょう？ こうした要因を分類することによって、その有害性、ひいてはその悪質性をわたしたちが過小評価してしまいがちな行為の特徴を把握できると思います。最初の要因から真逆の、あるいは最も遠い位置にある要因です。では、わたしたちの行為の有害性と悪質性を甚だしいものにする、あるいは明確なものにするのを助長する要因とは何でしょう？【4】

(1) 行為と被害の時間的近接さ——被害者の顔の痛みと傷はパンチをくらった直後に発生します。これでわたしたちは自動的に、被害をパンチに関連づけられるのです。仮に、ある行為の後しばらく経ってから被害が発生した場合には、行為と被害の間の関連性が成立せず、わたしたちはこうした被害を発生させる行為をおこなうことに、パンチのような場合ほど違和感を覚えないでしょう。たとえば、仮にわたしたちが人を毒殺しなければならない状況に追いこまれたとしたら、即刻、人を殺せる毒薬よりも、殺すのに時間がかかる毒薬を与えるでしょう。これはひとつにはわたしたちに近未来へのバイアスがある事実で説明できます。わたしたちは、近い未来におこる良いことや悪いことに対して、遠い未来のことよりも強い関心をもっています。だからわたしたちは、いやなことが延期されるとホッとして、楽しいことが延期されるとがっかりするのです。こうした安堵や失望は、延期が通常もたらす確率の低減とは比例しません。この比例が存在しない限り、こうした時間的なバイアスは非合理的だと考える理由があります。さて、わたしたちのCO_2排出行為が発生させる被害は時間的に非常に離れたものです。CO_2は何百年に亘り大気中に蓄積し、地表からの熱輻射を遮るものの日光は取りいれるので、最終的に地球気温が有害なほど上昇する結果につながります。しかしこれは非常に作用が遅いプロセスで、最悪の結果を引きおこすのに何世紀もかかります。

(2) 被害者が特定でき、具体的であること——これは行為者が被害者の名前まで知っているという意味ではなく、行為者が被害者を眼に浮かべられるという意味です。わたしたちが目の前で苦しんでいる人びとに最も共感や同情を覚えるのはなじみのある事実です。これはわたしたちにとって、単に口頭で伝えられる苦しみより、はるかに耐えがたいものです。目の前で苦しんでいる人よりもっと多くの人間の苦しみを口頭で伝えたとしても、変わりません。この要因と時間的近接さの間には相関関係があります。わたしたちの行為行為と被害が時間的に近ければ、その被害者は多くの場合、行為を目撃した人びとの見える範囲にいますが、被害が時間的に離れていると、多くの場合、あてはまりません。気候変動のように被害が時間的に非常に離れている場合には、被害者の姿は目に浮かびません。

(3) 被害の原因が単一の作為者に集中していること——被害を与えるパンチを浴びせる作為者はわたしだけで他の誰も関与していません。これを、被害の原因が何人かの作為者に分散または分割されている状況と比べてみてください。複数の作為者がいる状況は、同時に作用する（こぎ手がボートを漕ぐように）か、連続的に作用します（ひとりの作為者が被害者の家に放火し、別の作為者がドアに鍵をかけて逃げられないようにする場合のように）。道義的責任は主として因果関係に基づくと考えるのが常識ですので、被害の原因が何人かの作為者に分散している場合には、被害に対して各作為者が負う道義的責任は小さくなると考えられます。被害の原因があなた自身の一度の行為ではなく複数の行為に分散されていた場合、たとえば、一年間毎日芝生を横切ってそれを台無しにしても、自身が発生させた被害に対して一度の行為で芝生を台無しにしたときほど責任を感じないでしょう。しかし振り返ってみると、次の要因を考慮すれば明確になるように、因果関係の分散により責任を回避できるというのは不条理だと思われます。

(4) 作為者の発生させた被害が単一の被害者に集中している場合と、同じ量の被害が何人かの被害者に分散され、結果として各被害者はその被害のごく一部しか感じない場合とは違うこと——デレク・パーフィット（Derek Parfit）の「無害な拷問者」がこうした被害の分散の良い例を示しています【5】。ひとりの被害者に痛みを伴う刺激を千倍に上げて耐え難い苦痛を与える代わりに、拷問者がこの刺激を千人の被害者に対して一段階だけ上げても、各被害者が感じる苦痛の度合いはほとんど変わらないでしょう。こうした分散により、拷問者はひとりの被害者に千倍の刺激を与えた場合ほど悪いことをしていると感じなくなります。理由は、わたしたちがひとりの被害者には相応の共感や同情を覚えられるのに対し、数人の被害者に対してはその数に比例して相応の共感や同情を覚えられないからです。というのは、各被害者の苦しみが小さくなると我々の同情は低減しますが、被害者数が増えても同情は増大しません（少なくとも、増えた人数に釣りあうほどまでは増大しません）。さらに、仮にいくつかの作為者が協同で作用した場合に、被害が分散していても、各作為者が個々に深刻な被害を発生させた状況と全体的には同じ結果になる場合もあります（たとえば、千人の作為者が各々ひとりの被害者に対し苦痛を伴う刺激を千倍に増やした場合のように）。しかし、まさに作為者と被害の両方の大規模な分散が気候変動に関して発生しているのです。わたしたち一人ひとりの無数のCO_2排出行為は、気候にはわずかな、あるいは感知できないほどの影響しか与えませんが、わたしたちの数は非常に多いので、全体的影響は、わたしたち一人ひとりが環境の一部を著しく破壊した場合と同程度の被害を多くの地球環境に与えているのです。たとえば、あなたが車を運転しても地球の気温には目立った差異は出てこないでしょうから、あなたは被害を発生させているという罪の意識なしに車を運転しても構わないと思うでしょう。しかし、世界中の7～8億台の車をあなたと同じような考えの人が運転したら、最終的には地球の気候に大きな被害が発生するのです。

(5) 因果関係の明確さ――顔面へのパンチと痛みや傷の因果関係は非常に明確なので子どもでもわかるでしょうと複雑な事柄です。CO_2排出が地球温暖化を引きおこすしくみを解明するには多くの科学的研究が必要で、そのメカニズムが明らかになったのもかなり最近のことであり、多くの人びとがまだこれを理解していません。さらに、どの程度の気温上昇がおこれば特定の被害が発生するのかについてのより正確な知見は、気候科学者の間でも共有されていません。たとえば、気温がどの程度上昇したら、グリーンランドや南極大陸の大きな氷帽が一定量どんどん溶けていき、その結果海水レベルが上昇するのか共通見解はないのです。ある行為が被害を発生させるか否かが不透明な場合には、本当に被害を発生させるのかという点に疑問が出てきます。またこの不確定さは、わたしたちが今のぜいたくなライフスタイルを変えないでも、おそらく気候被害を発生させないだろうとの希望的思考を生みます。化石燃料業界の人間は素早くこうした空気を読みますし、かつ彼らはマスメディアや政治家に大きな影響を及ぼす経済的手段ももっています。
(ただし、その科学的説明は複雑かもしれませんが)。当然ながら、CO_2排出が有害な気候変動を発生させるしくみは、もっ

(6) 有害な行為は異常な行為――この種の行為はわたしたちが通常あるいは日常的におこなうものではありません。わたしたちのほとんどは毎日、人の顔にパンチを浴びせたりはしないし、こういうことをやる連中はたぶんそれを悪いとは思っていないでしょう。対照的に、わたしたちの多くは何年にもわたり車を運転していて、別に悪いことではないという考えに慣れきっています。ある行為を日常的におこなうことを、わたしたちや周囲の人びとが習慣と

していて、許されることだと考えているため、こうした行為は大きな被害を発生させるので誤りだとの理性的な認識を重く受け止め、これを止めるのを困難にしています。これはまた、肉食はよくないと納得しても、多くの人がなかなか肉食を止められない例でもわかります。これは、肉食が習慣化し、それが許されると思ってきたのと、またまわりの人びとが同じように肉を食べているためです。習慣と体制順応主義が現状の誤りに目をつぶらせているのです。

こうした面から見ると、CO_2排出行為は人の顔にパンチを浴びせるのと真逆にあります。その有害性は甚だしくなく、明白でもなくて、はっきりせず目立たないので、わたしたちは自然と、その有害性の度合いと誤りを過小評価しがちです。人の顔にパンチを浴びせるような甚だしい有害行為は、歴史のなかでずっとわたしたちの行動のレパートリーに入っていたものなので、わたしたちは進化の過程で道徳的嫌悪を感じるようにプログラムされてきたとの仮説を立てるのは妥当です。しかしCO_2排出行為が原因となる被害は、わたしたちの行動のレパートリーに最近加えられたものです。発展した技術があり、膨大な数の人びとが同時にその技術を利用してはじめて、CO_2排出が被害を出すからです。したがって、CO_2排出行為が「悪いこと」になってしまうほど有害になりうるのだという事実を、わたしたちがなかなか納得できないのは驚くにあたりません。

しかし考えてみると、これら六つの要因はすべて、行為の有害性と無関係なことが明らかだと思われます。唯一の例外は、因果関係がないのではないかと疑うのが合理的なほどそうした関係が不明確あるいは捉えにくい場合ですが、わたしたちのCO_2排出と気候変動の被害との因果関係については、もはやこれはあてはまりません。にもかかわらず、これら六つの要因はすべて、わたしたちのCO_2排出が有害だとわたしたちが自然と考えないように仕向けています。したがって、こうした行為がたとえ少しでもわたしたちに恩恵を与えるなら――たしか恩恵を与えていますが――わたしたちはなかなかそれを止めたがらないのです。

今度はふたつめの要因の難しさを見てみましょう。みずからのCO_2排出行為が発生させている被害をわたしたちが防ぐには、何人かがこうした行為を止めるだけでは十分でなく、他の大多数の人間もこうした行為を止めるのに同意しなければ、効果が確実なものになりません。これは、行為者と結果が分散していること――つまり要因(3)と(4)――によるものです。言わずもがなですが、わたしたちそれぞれにCO_2排出を削減する行動に抵抗を感じさせている六つの要因は、また同時に、こうした行動の抑制に向けて効果的に協力するのに十分な人数を動員するのを難しくしていますが、協力はまた別の問題をおこします。

協力については、よく知られている「コモンズの悲劇」(共有資源の乱獲)という問題があります。CO_2排出を削減して人間活動に起因する気候変動を抑制するため協力する際の問題点を議論するのに、これを出発点とするのは自然なことでしょう。コモンズの悲劇とは、村の牛飼いたちが共有地での放牧制限に合意しようとしている状態です。共有地で過放牧をして牛のエサがなくなり、さらには自分や家族たちまで飢えてしまうのは避けたいわけです。ここで協力が難しくなるのは、各牛飼いが過放牧を防ぐため自分の牛が共有地で草を食べすぎないように放牧を制限するという、自己の利益につながる理由(自分や家族たちが最終的に飢えないようにする)がある一方、放牧を制限したくなくなる、自己の利益につながるもっと強力な理由がありうるからです。彼らは、自分以外に十分な数の牛飼いが牛の放牧を止め、それにより自分の牛の放牧を減らさず、この制限に「ただ乗り」できるのではという希望的思考をもつ可能性があるのです。この戦略にはさらに、仮に他の大部分の牛飼いが放牧制限に踏みださなかった場合に、自分の権益が無駄に犠牲にならなくて済むという利点もあります。しかし、当然ながら、すべての、あるいは大半の牛飼いがこう考えて行動したら、村の放牧全体は過放牧や結果としての自分たちの飢えを避けるに足るほどには制限されなくなり、全員にとって悪い結果となるでしょう。しかし、この状況とグローバルなCO_2排出削減問題との間には大きな相違点があり、その特徴が後者をより協力が取りつけにくい問題にしています。ここで、その相違点を見ていきます。

(A) 効果的にCO_2排出を削減させる協力は、おおむね世界規模でなければならず、少なくとも複数の大国を関与させる必要があり、その大国はそれぞれ大きく異なる事情を抱えています。世界的合意を確立するのは、コモンズの場合のようなひとつの村落での合意より明らかに難しいことです。村では皆がお互いを知っているし、民族性や文化を共有しています。こうした同一性が、牛飼いたちの間にある程度の利他的考えや信頼を育てるのに寄与しています。対照的に、米国、中国、インドやロシアなど世界の大国の間には、民族的、文化的および政治的に根深い相違があります。いくつかの国の間では、戦争や対立の長い歴史もあります。その結果、彼らの間には対価を伴う合意を守る利他的考えや信頼関係は最低限しかありません。

こうした相違が、一般論として、一部の国が協力するのを難しくしていますが、さらに世界各国の間では、CO_2排出削減への協力に関する固有の相違があります。こうした相違も見ていきましょう。

(B) 裕福さ、GDPおよび一人あたりのCO_2排出に関して世界各国の間でつねに著しい相違があります。コモンズの悲劇では牛飼いたちはほぼ同じ生活水準で、共有地で放牧制限が必要になる程度のおおむね同じ数の牛を飼い、また養うべき家族の人数もおおむね同じと考えてよいでしょう。これにより各個人にも全員にも何が要求されているのか、合意するのは比較的容易になるでしょう。持続性を確保するのに必要な放牧制限を平等に割ればよいわけです。世界の最も豊かな国と最も貧しい国の間にある裕福さの著しい相違により、こうした単純な解決策は問題外となります。この相違から、より裕福な国はより支払い能力があるので、大気中に存在するCO_2の将来レベルを減少させる施策に対し、より多くの資金を提供するのが合理的となりますが、これについてもどの程度多く支払うべきなのか、またどういう方法で一定以上の貢献をおこなうべきかについては、意見の不一致を招く可能性があります。これが国際的交渉で表面化してきた難しさです。

これに関連して、先進国とされる国の間でも一人あたりのCO_2排出量が大きく異なるという問題もあります。たとえ排出量が同程度の国でも人口はそれぞれ異なるので、こうした現象が出てくるものと思われます。例として、世界で最も大量のCO_2を排出している国、中国とアメリカを考えてみましょう。有効な協力関係のためには両国の参加が不可欠です。中国の人口は米国のほぼ4倍ですが、米国の一人あたりのCO_2排出量は中国のほぼ4倍です。もちろん、中国が現在の米国の水準まで一人あたりのCO_2排出量を増加させたら、世界の気候には破滅的な被害が発生するでしょう。しかし、米国に一人あたりのCO_2排出量を中国の水準まで引き下げるのを受けいれさせるのも至難の業でしょう。したがって、両者に納得のいく中間的妥協を見いださなければなりません。明らかに、世界のCO_2排出量を効果的に削減する妥協を見いだすのは難しいでしょう。一般論として、発展途上国は先進国の生活水準に到達しようと望む傾向がある一方、先進国はその生活水準を著しく引き下げたくはないからです。

(C)　CO_2排出の歴史的経過は先進国と発展途上国の間で異なっています。これもまた中国と米国の比較で説明できます。1850年以来、米国は人間活動によるCO_2を中国に比べて約3倍大気中に排出してきました。この推定は、排出が有害ではないかと思われる理由が見つかる前にその大半がすでにおこなわれたものであるため、現在の交渉にはほとんど無関係とする主張には一定の論拠があります。したがって、発生した被害に対する道義的責任はないとの主張もできるでしょう。しかしこれには異論が出てくると思われます。というのは、さきほど述べたとおり、わたしたちの常識的な責任の感覚は大きく因果関係に根ざしているからです。こうした考えかたは中国に、自分たちの今までの排出量が少なかったので、将来の一人あたりのCO_2排出量を米国よりいくらか多く確保する権利があるとの主張を展開するモチベーションを与える可能性もあります。個人的にはこの道義的責任の概念は正当化できると思っていないのですが、常識的な思考に深く根づいているため、多くの人にとって説得力があるのです。これが、コモンズの悲劇にはない複雑な要因です。というのは、責任の概念がどんなものであっても、牛飼いたちが所有する牛の数がおおむね同じとの前提に立てば、彼らは過放牧に対して平等の責任を負うことになると思われるからです。

(D) 人間活動に起因する気候変動による被害の度合いは国によって大きく異なります。一部の国は壊滅的被害を被るおそれがある一方、予想される気候変動により被害を被るどころか恩恵を受ける国もありうるのです。大きな被害を受けるのは、バングラデシュ、オランダや南海諸島など、海抜が低いので海面上昇により沈没する深刻なリスクを負っている国や、サヘル地域、オーストラリアや米国南西部など、厳しい干ばつと砂漠化にさらされるおそれのある国でしょう。有益な効果を享受する可能性がある地理的地域は、グリーンランド、ロシアや北欧ですが、そのうちいくつかの国の玄関口には、たとえばアフリカや中東など、他の世界諸国から多数の気候難民が押し寄せる可能性があるでしょう。明らかに、被害発生国にはCO_2排出削減を実施するのに利益享受国よりも強いインセンティブがあります。利益享受国は、他諸国の利益のために自国の裕福さを大幅に犠牲にするよう求められることになりますが、当然モチベーションが低くなります。人間の利他主義の限界は、狭いものです。おおまかにいえば、親しく身近な存在、家族や友人などの狭い範囲に限られています。これもまた、コモンズの悲劇にはない特徴です。牛飼いたちは、自分とその家族が属する集団の利益のために犠牲を求められるだけなのです。

さらに、温暖化で比較的大きな被害を受けると思われる国においても、最悪の影響に苦しめられるのは、気候に関する決定をおこなっている現世代やその子どもたちでさえなく、もっと未来の世代だという点にも留意すべきです。これは、いままで述べてきたとおり、気候変動が非常に遅いプロセスだからです。したがって、これらの被害発生諸国の意思決定者でさえ、彼らの限定的で度量の狭い利他主義の範囲を大きく超える人びとのために犠牲を求められるのです。対照的に、牛飼いたちの場合は、放牧の制限をしなかった結果が自分たち自身に降りかかってくると考えられます。コモンズの悲劇は、囚人のジレンマと同様、利己的な行為者が、どうして共通の利益のためにいかなる犠牲を払うのも嫌がり、結局は自分にとって良い結果にならないことをやってしまうのかを説明するものとして、一般的に理解されています。そして、時間や場所の近接さへのバイアスにより、わたしたちは遠い未来におこる影響に対して、たとえそれが自分自身に降りかかってくる場合でも、比較的無関心です。だから、たとえば喫煙者にとっては、自分に有害な習慣を止めるのが難しいのです。当然ながら、その時間的に離れた影響が他人に及ぶものであれば、わたしたちの関心はさらに薄くなり、親しくも身近でもない、遠く離れた国のはるか未来の人びとに及ぶ影響であれば、なおさらです。こうした場合には、わたしたちの時間的・位置的近接さへのバイアスと限定的で度量の狭い利他主義がともに作用するのです。

また、わたしたち自身や親しく身近な人びととの裕福さを地球気温のために犠牲にする点についても、いままで述べてきたように、地球上の全人類の共通利益のためにわたしたちがCO_2排出削減の努力をしても、一人ひとりがなしうる寄与は感知できないか、取るに足りないものなので、さらにやる気がそがれるわけです。気候への影響が発生するまでには、CO_2を排出するわたしたちのような人間が数え切れないほどいなければならないのですから。

(E)　CO_2排出削減の国際協定には順守管理が欠けています。協定締結国がCO_2排出削減に関する協定を何十年にもわたって順守するかどうかを有効に監視しうる体制は確立できそうもありません。また締結国の一部が協定から離脱したのがわかっても、おそらく適用できる有効な制裁措置はないでしょう。いままで述べてきた理由――とくに(A)――により、世界中の人びとがお互いに大きな利他への関心や信頼をもつとは期待できないので、こうした監視と制裁は、順守を合理的に保証するのに是非必要なのです。したがって、国際会議ではこうした事項が懸念を生んでいます。対照的に、コモンズの悲劇では、牛飼いたちのグループは非常に小さく、また相当期間一緒に生活してきたので、お互いを個人的に知っていると考えられるでしょう。したがって、彼らは現実的にお互いに一定の利他的考えや信頼をもつようになっていると思われます。また、共通利益のうちの一部には牛飼いとその家族の利益が含まれていることにも留意してください。ただ、牛飼いたちは自分の牛の放牧を制限することで、最善の結果（自分はどんな犠牲も払わずに過放牧を防ぐ）を手放しながら最悪の結果（自分が犠牲を払っているのに多くの牛飼いが犠牲を払わず、過放牧が続く）がおきるリスクを負うことにはなります。しかし、ただ乗りや協定違反のリスクは少ないものです。牛飼いのグループは非常に小さいので、現実的にお互いを監視できると思われるからです。また仲間意識でつながっているため、離脱者やただ乗りをする者を罰するために協力するモチベーションもあるでしょう。

(F)　CO_2排出削減に向けた国際協定の現時点における順守が有効なものとなるかどうかは未来世代の順守に依存しているが、未来世代はこの協定に拘束されない。地球温暖化を有効に抑制するためには、CO_2排出削減の協力が今後長期間にわたり続けられなければなりません。しかしCO_2排出削減協定に同意していない未来世代は、この事実を基に、協定には拘束されないと主張する可能性もあります。したがって、過去の世代が実施したCO_2排出削減により自分たちの生活水準が低下していると実感したら、たとえ排出削減が主としてさらに後代の利益になるものであっても、削減停止に傾くでしょう。仮に自分たちが削減を続けても、その後代はより大きな苦難に直面するので削減は続けないだろうとの懸念をもち、さらにそれに続く後代には次の世代がもっと大きな苦難に直面するおそれがあるので削減を続けないだろうと考えるもっと大きな理由が出てくるので、これが次の世代、また次の世代へと先送りされてゆくのです。離脱へのインセンティブがますます増大するこうした連鎖は、持続性のある協定締結の可能性にとり致命的だと思われます。

まとめますと、現在のところ、未来世代が「報復できない」ので各国は彼らに「つけをまわそう」という気持ちになるばかりか、各国とも、他国の未来世代はもとより、自国の未来世代さえもが必要な削減をやり通すかどうかも信用できないので、さらにそういう気持ちになっています。現代において他国政府が協定を順守するのを信用するのが難しければ、未来のその政府による協定順守を信用するのはさらに難しくなります。

今までのところを確認しましょう。わたしはこれまでに六つの側面を説明してきました。そのどれもが、被害が非常に甚だしいか明らかで、正当化する要因がなければ悪であることを否定するのが難しいような行為とは真逆の位置にあるのがわたしたちのCO_2排出行為だということを示すものです。これは、わたしたちがこの排出行為を止めるのに気乗りがしないばかりでなく、総選挙でわたしたちがCO_2排出削減を提唱する政党におそらく投票しないことも意味します。要因(A)から(F)は、国民がこうした「グリーン（環境重視）」な政党には投票しない可能性を強めるものです。結果として、自由民主主義のもとではCO_2排出削減による地球温暖化抑制を優先事項とする政府は誕生しないことになるでしょう。自由民主主義のもとで政権を獲得、維持するのにより高い可能性をもつのは、雇用、教育、健康保険、移民制限など、有権者の利益に直接的につながる政策を優先事項とする政党でしょう。気候変動への対応を無視しても、政治家には多くを失うリスクはありません。というのは、彼ら政治家の在任中は、あるいは存命中にも、人間のCO_2排出に起因すると断定しうる気候的大惨事はおこりそうもないからです。こうした推定が現実的なのは、気候変動の問題が国連のような組織で討議事項として20年以上も取りあげられているにもかかわらず、これまで有効な対策が取られてきていないという事実に裏づけられています。

テロ攻撃のリスクと対比してみましょう。9・11より前は西側民主主義国での大きなテロ攻撃はありそうもない事件でしたが、それ以後テロの被害は甚だしいものなので、政治家がテロ防止政策を有権者に売りこむのはもはや難しくなっています。また政治家がこうした政策を提唱するのは彼らの利益になります。というのは、こうしたテロ攻撃は彼らの在任中に勃発することは十分考えられ、もし勃発すれば彼らが再選されるチャンスに壊滅的な影響が出るからです。さらに、テロの場合には、大多数の有権者は加害者に対する厳しい政策の容認に抵抗など覚えません。というのはテロの場合は、人間活動に起因する気候変動の場合とは違って、人びとは加害者ではないからです。むしろテロの問題は、一般に利益がもたらされるより被害が発生するほうが多く、かつ大きな被害が出る危険性は、より強力な武器技術が利用できるようになるにつれてさらに増すので、大きな被害につながる無数の抜け道がある点です。国民の自由を不当に抑制せずにこうした抜け道をすべて塞ぐのは難しいことです。それでも一般的に国民はこうした対策を、自分たちの裕福さを低下させるCO_2排出削減よりも容易に受けいれるでしょう。というのは、テロ攻撃は顔面へのパンチのように甚だしいものであり、日常生活の隠れ蓑の下でゆっくりと、わからないように入りこんでくる目立たない有害性とは異なるからです。

さらに、CO_2排出削減の道を塞ぐために削減推進政策を阻止するのは、化石燃料の使用で儲けている経済的に非常に豊かな階層——とくに石油会社——の利益になります。たしかに、こうしたCO_2排出が気候に及ぼす影響を証明する極めて有力な科学的証拠は多数ありますが、さまざまなCO_2のレベルが地球の気候と文明にどんな影響を及ぼすのかに関するより正確な知見が欠けています。これが、化石燃料業界の代表者など、人間活動に起因する気候被害のリスクを軽視したいと考える人びとに、CO_2排出の気候への影響に関するわたしたちの知識の欠如を拡大利用する余地を与えています。かつ彼らは政治家やメディアに影響力を行使する経済的手段をもっています。人間活動に起因する気候被害が非常に遅いプロセスで、さらに自然の気候変化との区別が難しい事実により、わたしたちはそれを見落とすか、取りあげないようになりがちです。今まで述べてきたように、進化によって、わたしたちは顔面へのパンチのような重大な被害は警戒するようになっていいます。それが人間活動に起因する気候被害のように目立たず、はっきりしない場合には、別段罪の意識をもたないまま、通常のCO_2排出から引き続き恩恵を得られるように希望的思考が入りこみ、事実を歪曲する時間が生まれてしまうのです。

全体として、ふたつの要因でリストアップした状況が一緒になって、CO_2排出量を削減して有害な気候変動を抑制するために有効な協力をおこなうという道徳的問題を極端に難しくしているのです。その難しさは実際にはわたしたちの個々のCO_2排出が与えている影響が気候変動に有害なのだという認識を難しくしている要因、また自分たちが発生させている被害の有効な削減がそれぞれ大きく異なる作為者間の広い協力が必要であるとの要因から生じています。こうした事情が結びついている点が、わたしたちが直面している最も難しい道義的問題だとわたしが考える理由です。ただし、これは必要なCO_2排出削減達成の問題が解決不可能という意味ではありませんが、この難しさがわたしたちの心理と一般的な世界情勢の両方に根づくものであるため、実現の可能性は高くありません。

たとえば、１９９７年の京都議定書の締結時に、CO_2排出削減に関する対策が今日までどう展開するかを誰かが正確に予測していたとしましょう。その時点では、そうした予測は悲観的と見なされたでしょう。というのは、その正確な予測はCO_2排出が非常に急速に増加し続けるというものになっていたはずだからです。しかしそれは極端に悲観的だったわけではなく、それなりに悲観的だったといえるでしょう。というのは、気候的大惨事は予測しなかったはずだからです。したがってわたしは、今後の約20年間にあたっても、人間活動に起因する気候変動について、それなりに悲観的になるのが当然だと思います。それは、大きな考えかたの変化がおこらない限り、わたしたちは将来にわたって今までと同じような行為を続けるに違いないと判断されるからです。しかし、少なくともわたしたちがさらなる事態の悪化が避けられなくなる転換点に達するより前に、そうした大きな考えかたの変化をもたらしうるものが何であるのか、予見するのは難しいことです。

注

1 ジョージ・マーシャル（George Marshall）『それを考えさえするな』*Don't Even Think about It*, London: Bloombury, 2014, p.91.

2 これらの要因の全部ではないにしろ大半がイングマー・ペルソン（Ingmar Persson）&ジュリアン・サヴァレスキュ（Julian Savulescu）の「未来には合わない：道徳的エンハンスメントの必要性（*Unfit for the Future: The Need for Moral Enhancement*）」Oxford: Oxford U.P., 2012でも論じられています。またステファン・ガーディナー（Stephan Gardiner）の「完璧な道徳の嵐（*The Perfect Moral Storm*）」Oxford: Oxford U.P., 2011で同様の要因に関してさらに詳細な議論がおこなわれています。この文献はわたしたちが参考にできるタイミングでは発行されませんでした。

3 有害な気候変動を抑制するには、たとえば砂漠化の防止など他の方法もありますが、ここではわたしはCO2排出削減を重点的に議論します。

4 わたしは被害を受けるのは人間だと考えています。おそらく、人的被害と比較して人間以外の動物への被害をわたしたちに過小評価させがちな要因があると思われますが、ここでは取りあげません。

5 「理性と人間（*Reasons and Persons*）」Oxford: Clarendon Press, 1984, §29

温暖化の時代の人口倫理学

グスタフ・アリニアス

1年前、わたしは「未来を考える会」という、非常に学際的な研究機関の理事長に就任しました【1】。21世紀の人類が大きな課題に取りくむ方法は、学際的でなければなりません。したがって、わたしのこの講演が哲学者ではない人びとにも興味をもってもらえるものであることを願っています。

わたしはこれから、価値判断について、また価値判断が国連気候変動枠組条約（UNFCCC）と気候変動に関する政府間パネル（IPCC）の議論においてどんな役割を果たしているのか、果たすべきなのかについてお話しします。また気候変動に関連した人口倫理学についてもお話しするつもりですが、この主題についての議論は、これまであまりにも少なすぎました。以上が「温暖化の時代の人口倫理学」【2】という演題をつけた次第です。

哲学者にしては珍しい主題から講演をはじめましょう。気候条約です。具体的には、国連気候条約の話で、これはもっと複雑な「国連気候変動枠組条約」（UNFCCC）という名前をもっていますが、ここではシンプルに国連気候条約（UNCC）と呼びます。この条約は1992年の地球サミットで起草され、非常に素晴らしいことに、今では195の国とヨーロッパ連合（EU）により批准されています。この条約は締結国に温室ガスの排出削減に関して拘束力のある要求はしませんでしたが、これが法的拘束力をもつ、もっとよく知られている京都議定書の基礎を築きました。

UNCC第2条では「本条約の最終目的は、人間の活動を起源とする気候システムへの危険な干渉を防止するレベルで大気中の温室ガス濃度の安定を達成することである」と規定されています。UNFCCCの組織はこの第2条に規定された目的にしたがい国際交渉をおこないます。大まかに言って、この排出削減交渉には三つの段階があります【3】。⑴危険な干渉を防止するのに十分な限界濃度を算出する、⑵濃度をこの限界より低く抑える世界全体の年間総排出量のパターンを算出する、そして、⑶この世界全体の年間排出量を各国に配分する――というものです。

道徳哲学と政治哲学、および一般的な規範的論理には、ここで果たせる役割があるでしょうか。当然、世界全体の年間排出量を各国に配分する段階で、公平性と妥当性の問題が出てきます。排出削減量という負荷と排出削減による恩恵、また変動した気候に適応するコストを配分する最も公正な方法は何でしょうか。先進国は温室ガスを過度に多く排出してきており、被害は全世界に及んでいます。排出されたガスは今も被害を及ぼしており、今後も及ぼし続けますが、先進諸国は自分たちの過去の排出に対して賠償責任があるのでしょうか。

ほとんどの哲学者と政治理論家が注視してきたのは第3段階でした。そのため、第1、第2段階はおおむね自然科学者、経済学者、および政治プロセスに委ねられてきました。第1、第2段階にも価値判断の問題が含まれているので、残念なことです。たとえば、「危険性」の考えは評価的なものです。これはわたしたちが生と死の価値をどう見るべきかという問題を提起します。もちろん、価値判断は妥当性と同様に道徳哲学の関心事であり、この講演ではこれから価値判断に的を絞って進めていきます。

UNFCCCのプロセスでは長い間、価値理論の役割が適切に認められてきませんでした。たとえば、IPCC（2003年）の第三次評価報告書の統合報告からの引用ですが、

自然、技術および社会科学は何が気候システムに関する「危険な人為的干渉」となるのかを決定するために必要な基本的情報と証拠を提供できる。同時に、こうした決定は社会的・政治的プロセスによる価値判断でもある。

と記されています。

したがって統合報告では「危険性」の考えは評価的であることは認められていますが、何が危険なのかの判断は、「社会的・政治的プロセス」によって決められるべきと記されており、規範関連領域（たとえば、道徳や政治哲学および政治科学と経済学の規範分野）の研究者グループを介入させてはいません。これはあまり有益ではありません。しかし、最近すこし進歩が見られました。IPCCは社会的・政治的プロセスに訴えるだけに止まらず、気候変動により提起された難しい価値判断を徹底的に検討するのに規範関連領域の研究者グループを関与させる必要がある点を認識したようです。したがって、IPCC（2014年）の第五次評価報告書の統合報告の最新版には次のような記述があります。


気候変動に関する決定には多様な価値観のなかでの評価と調停が関係しており、複数の規範関連領域の分析方法も有用と思われる。倫理学は違った価値判断とその相互関係を分析するものである。最近の政治哲学は排出の影響に対する責任の問題を調査している。……


これはIPCCにおける歓迎すべき変化で、今ではたとえば、ジョン・ブルーム、マーク・フルーベイ（経済学者でもありますが）やルーカス・マイヤーなどの哲学者がパネルに参加しています。

ここで、ひとつ例を挙げます。次のIPCC気候変動2014年版統合報告の図（図1）を見てください。

この図はふたつの代表的濃度変化（RCP）――RCP2・6とRCP8・5――に対応する1900～2300年

（１９８６～２００５年との比較）までのおこりうる地球全体の平均表面温度の変化を示すものです。ＲＣＰはふたつの現実となりうる将来の気候を示しており、将来どの程度の温室ガスが排出されるかによって両方とも可能性があると考えられます。

まずＲＣＰ２・６を見てみましょう。これはわたしたちが希望する展開で、地球全体の温室ガス排出量が２０１０～２０２０年の間にピークに達し、その後は現在の量に比べて大幅に削減されるとの前提に立っています。実際、２０７０年以降はマイナス排出、つまりわたしたちが大気中に排出する温室ガスよりも多い量を吸収するとの前提です。この未来の気候の下では気温の変化は約２度に抑えられることになります。

しかし、今度はＲＣＰ８・５と周囲の大きな範囲を見てみましょう。これも可能性のある別の展開です。これはわたしたちが大気中の温室ガスの濃度上昇を止めて減少させるのに失敗した場合のシナリオです。なので、21世紀を通じて濃度は上昇し続けます。さらに排出は２１００年以降も続きます。このシナリオでは、赤い線で示されているように、２３００年頃までに温度が最大８度も上昇することになります。

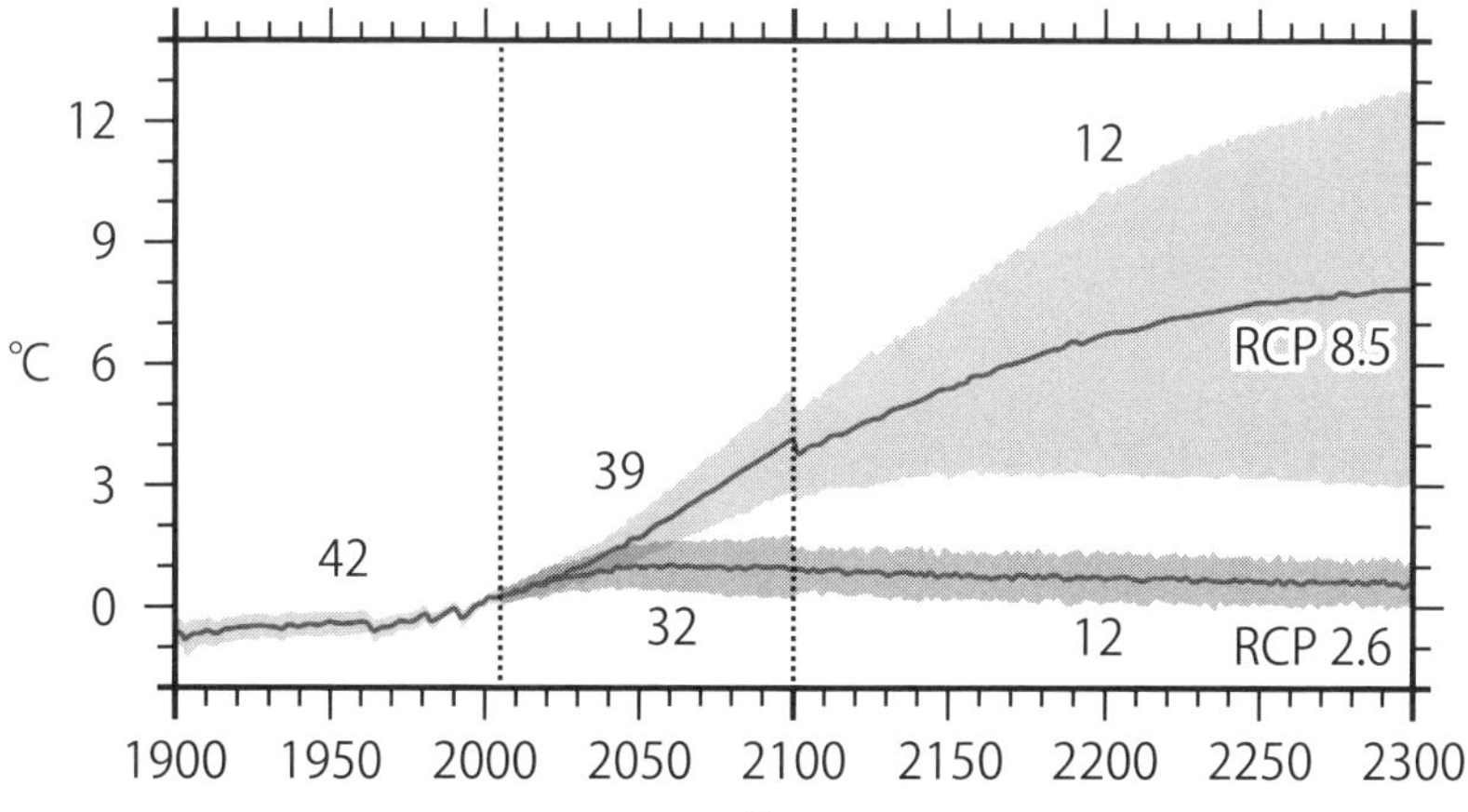

図１　地球全体の平均表面温度の変化（1986 年～ 2005 年との比較）

RCP8・5の線の周囲の範囲で示されるとおり、これはおこりうる地球温度の上昇の確率分布なので、実のところ状況はさらに厳しいものです。この図は200~300年以内の不確実性がいかに極端かを示しています。上方領域は12度を超えています。したがって、将来はどういう状況に至るかはわからず、地球の表面温度の上昇が12度を超える大きなリスクがあります【4】。温度が12度も上昇すれば、これはもう世界的大惨事です。これほど温度が上がればすべての国の生活環境に著しい影響が出てきて、大変なことになります。このシナリオの確率は低いものですが、それでもなお重大なものです。

RCP8・5で示されたシナリオに近いものが現実となる大きな可能性」にわたしたちが直面すると考える理由があります。温暖化を2度未満に抑えるのに十分な世界的排出量の削減を実現できそうもないのです(この目標値については以下でも触れます)。次の図(図2)を見てください【5】。

この図は中国、米国、EUの過去のCO_2排出量と、各国・地域の公約に基づく将来のCO_2排出量を示すものです。一番上の黒い線は、温度上昇を2度に抑える目標に見合った世界全体の排出量を示しています。中国は2030年より先の公約を発表していないので、中国の線は2030年で終わっています。しかし、仮に中国の排出量が2030年より先には大幅に削減され、EUと米国が各々の公約を守ったとしても、他の国々が排出できるCO_2の数量はほとんど残っていません。他の国々は2014~2030年にかけてCO_2排出を年間9%削減しなければなりません。これは実現しそうもないことで、温度上昇を2度に抑える目標を達成するのは非常に難しく、RCP8・5に示されたようなシナリオのほうが現実となるリスクが高いことを示唆しています。

これが講演のこの部分でわたしが皆さんに伝えたい主眼点です。確率は低いながらも、破滅的な結果につながる重大なリスクがいくつかあるのです。今までの温暖化に関する議論や温暖化への対応についての政策提言では、こうしたリスクがあまり考慮されてきませんでした。実際、IPCCの政策提言についても同じことが言えます。詳しく見てみましょう。

最新のIPCC気候変動2014年版統合報告でも、事実上、今後排出できるCO_2の上限は1兆トンとされています【6】。この理由は何でしょう? 提示された根拠は、これが温暖化を2度未満に抑える2/3以上のチャンスにつながるだろうということで、図1の下側の青い線で示されているものです。わたしたちが望んでいるシナリオです。

しかし、2/3のチャンスということは、ずっと悪い結果になる有意な確率が残ることになります。IPCCはいくつかの代案のなかから最も可能性の高いものに基づいて提言をおこなっているようですが、良い意志決定の方法とは言えません。可能性の低い事態のほうが、決定をおこなう際にはより重要になる場合があるので、これは好ましくないルールです。ちょうど、救命ボートが必要になる事態は決しておこらないかも

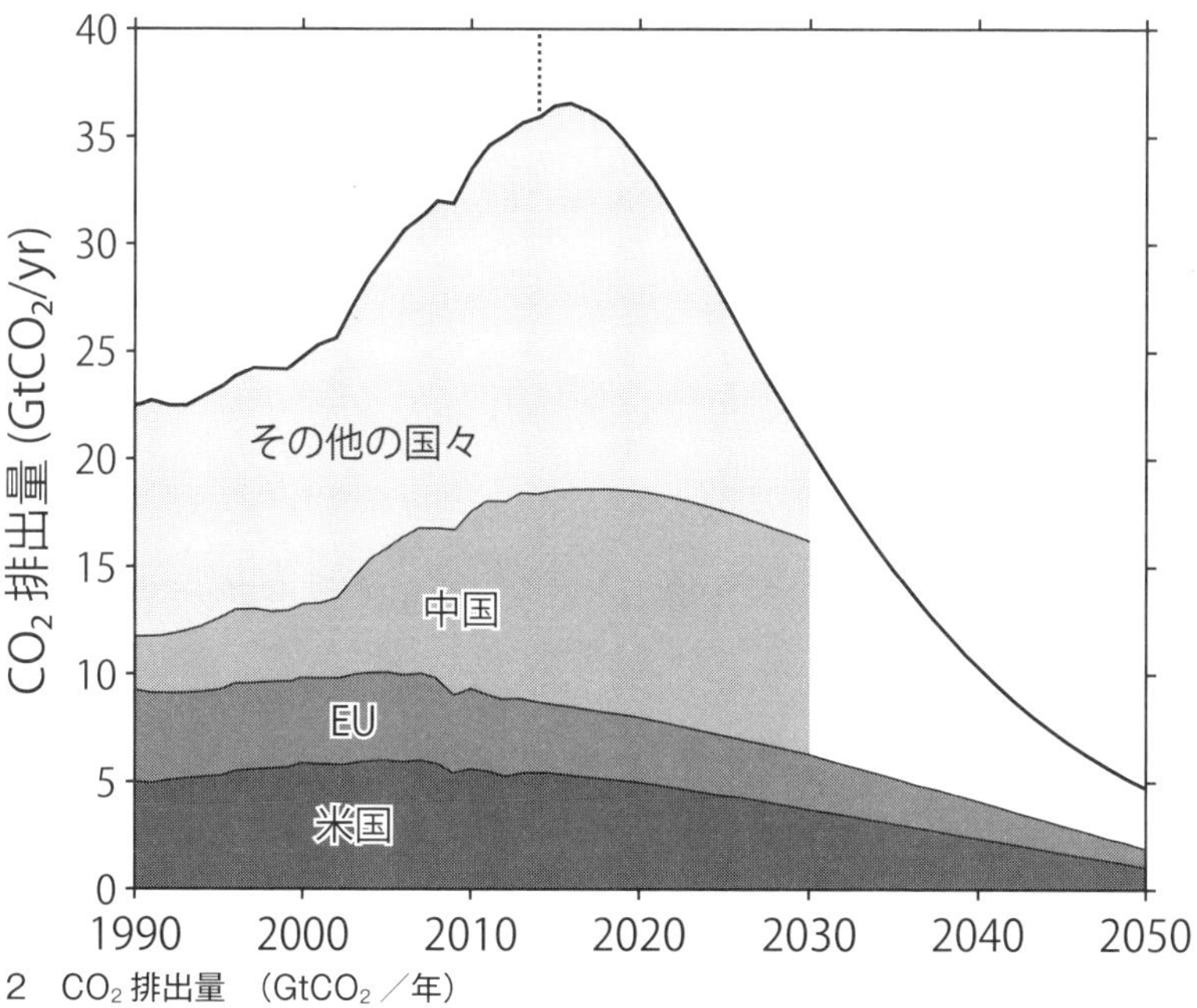

図2　CO_2 排出量　($GtCO_2$／年)

しれませんが、それでも船が救命ボートを積んでいるのと同じです。家が火事になる可能性は低くても、火災保険をかけておくほうが賢明です。火事で家が焼けてしまうことは考えにくいにしても、保険をかけていれば新しい家を建てる財源を確保できます。だから、非常に良くない結果の有意な確率を考慮しておく必要があるのです。

この論理は気候変動にも適用されます。たとえば、上記の赤い線で示された6度、12度を超える、あるいはこれに近い温度上昇の軌道に乗っている可能性を、わたしたちは考慮する必要があるのです。おこる可能性が高い結果ではなく、異なる政策それぞれの期待価値に基づいて、こうした考慮をする必要があります。火災保険をかけたり、船に救命ボートを積んだりする決定をおこなうのと同じです。最大の期待価値がある政策を選ぶべきなのです。だから、気候変動に関する決定についても、気候変動の予想被害と恩恵、および異なる気候変動の関連政策を評価する必要があるのです【7】。

この点を理解していただくために、IPCCの2007年版第四次評価報告書から最後の例を挙げます。報告書は大気中の温室ガスの異なる濃度での温暖化予想を示していますが、可能性のあるすべての結果を網羅してはいません。報告書には現在の400~500ppmの温室ガスから濃度が上がれば、平均温度が摂氏1・4から3・1度上昇する確率が少なくとも2/3あると述べています。しかし報告書には、この同じ前提に基づき、温度化が4度進むリスクが7・1%あり、6度以上進むリスクが1・8%あることは示されていませんでした【8】。

これを、わたしたちにもっと身近な「航空機の安全性」におきかえて、次の数字を見てみましょう。現在、1年間に約30件の重大な航空機事故が発生しています。しかし、事故発生頻度が1・8%だとすると、毎日約1500件の事故がおこることを意味します。航空機の安全についてこんな高いリスクは受けいれませんし、気候変動に関しても受けいれるべきではありません【9】。

気候変動が、ある意味で火災保険や救命ボートに通じるものがあり、非常に悪い結果がおこる確率は非常に低いにしても、それを考慮にいれておく必要がある点を理解していただけたかと思います。もっとも可能性の高い結果だけを考えるべきではないのです。

講演のこれからの部分では、もうひとつ関連する問題を取りあげます。人口変化です。気候変動が価値判断に関する新しく、難しい問題に影響してくるか否かを考察します。実際のところ、わたしは影響してくると考えています。気候変動は、人口変化の価値判断をどうすべきかに関して、非常に難しく、かつ論理的にトリッキーな問題を顕在化させます。さらに、ジョン・ブルームが述べているように、人口変化は、気候変動の議論において、誰もが気づいているのに触れたがらない重要な問題です【10】。

将来の人口規模に対して気候変動がもつ潜在的な重要性は、いくら大げさに言っても足りないほどです。IPCC（2014年版）報告書では、摂氏2度の地球温暖化でさえ人間と動物の両方を含む多くの生態系に多大で長期にわたる被害を及ぼすリスクがあると述べています。摂氏2度の地球温暖化によって豪雨や熱波の頻度が増加したり、熱帯・温帯での農業が被害を受けたり、多数の種が絶滅すると予想されています。4度以上の温暖化はさらに激しい変動につながります。たとえば、温度が4度高い世界では海面が次の世紀の初頭には最大1メートル上昇し、世界中の沿岸地域が脅威に晒されます。さらに、温度の上昇は、たとえばグリーンランドの氷床の崩壊など地球の気候システムに対して突然で、かつ取り返しのつかない変化を引きおこすリスクを高めます。これが発生した場合には、IPCCは最大7メーターの海面上昇が予想されるとしています。だから気候変動は、熱波、嵐、洪水、干ばつ、飢餓、病気の増加など、さまざまな形で将来世代の命を奪い、その存在を阻止するわけです。そしてもちろん、可能性は低い話ですが、人類が滅亡すれば、再び人間が現れることはありません。このリスク、ある種の「存在に関するリスク」も考慮にいれておく必要があります。

とても大ざっぱな数字ではありますが、気候変動が原因で死亡した人数の推計があります。世界保健機関（WHO）は2000年にすでに15万人が気候変動により死亡したと推定しています【11】。世界人類フォーラムは、気候変動により毎年30万人の命が奪われていると述べています【12】。もちろん、こうした推計がどのくらいの精度なのかはわかりません。さらに正確な推計を得るためにはもっと作業が必要になります。人口統計に対する気候変動の影響を把握するには人口統計学者の協力が要ります。未来を考える会では、こうした研究を立ちあげているところです。

そして、このことは、わたしたちが気候変動の悪影響と気候変動対策の恩恵を推定する際に、人口規模の変化を考慮しなければならないことを意味します。人口の増加や減少について、価値判断をする必要があります。しかし政策決定者は、ほぼ全世界で、人口政策の影響を無視しています。これは気候変動の評価における、誰もが気づいているのに触れたがらない重要な問題です。

人口倫理学はさまざまな規模の人口集団をその有用性に関してどういう評価をするか、人口規模の増加と減少をどう価値判断するかを考察するものです。人口倫理学に関する最初の数編の論文は1960年代の終わりごろになってはじめて発表され、1984年にデレク・パーフィットの有名な著書『理性と人格——非人格性の論理へ』が発行されるまでは、重要な分野ではありませんでした。いまでは非常に問いあわせの多い分野になっています。

さきほども述べましたが、政策決定者はほぼ世界中で人口規模に関する政策の影響を無視しているようです。そのため、わたしもブルームに倣って、人口規模の問題を、気候変動の評価における誰も触れたがらない重要な問題と呼んだのです。なぜ彼らはこれを無視してきたのでしょう？　ひとつ考えられる説明は、多くの人びとが、ブルームの言う「直観的中立性」をもっている可能性があることです。簡単に言うと、「世界人口にあとひとりを加えても世界は良くも悪くもならない」という説です【13】。なので、人の増減は特定の人口集団の価値判断を増加も低下もさせないとしています。したがって、考える必要のないことだし、必要があると人びとの生活を良くするか悪くするかの観点だけが問題で、それ以外の面では人口が増えても減っても大差ないというものです。

しかし「直観的中立性」には限度があると思われます。人口の増加によって劣悪な生活を送る人がたくさん出てくるなら、それが原因で世界は悪くなるだろう、という見かたにほとんどの人が同意するでしょう【14】。しかし、一般的には、人口規模は価値判断の面では中立なので、さまざまな政策を検討するときには通常これを無視してもよいとされています。

しかし「直観的中立性」は、わたしたちのほとんどが共通してもっている他のいくつかの信念と矛盾します。現在の人口集団Aに、異なる特徴をもつふたつの集団BとCを加える場合を考えてみてください。集団Bは非常に肯定的幸福度の低い人間で構成されています。集団Cは集団Bと同じサイズですが、非常に幸福度の高い人間で構成されています。「直観的中立性」によれば、比較可能性が完全であれば、人口集団AにBを加えた場合もCを加えた場合も、結果としてできあがる人口集団は同じように幸福だということになります【15】。しかし他の条件が同じであれば、幸福感の高い人口集団をつくるほうが、幸福度の非常に低い人口集団をつくるより良いはずです。したがって人口集団A＋CのほうがA＋Bより良いということになり、「直観的中立性」と矛盾します。直観は間違っているといえましょう。これが間違っているから、誰も触れたがらない重要な問題である人口変化の価値判断を無視できないのです。

そこで人口変化の価値判断をどうするべきかという問題が出てきます。カヘーンはすでに、非同一性問題と被害の原則について講演しています（22ページ～）。この講演からわたしが学んだ教訓は、結果が良いのか悪いのかを測るために幸福度を集計するなんらかの方法を見つける必要があるということです。ひとつの考えは、幸福度の総量を測るというものです。個々の幸福度を合計して幸福度の総量を測る方法が見つかるかもしれません。人びとの平均的幸福度に注目するという別の方法もあるでしょう。重要な問題は合理的な原則を見つけることですが、この点でのコンセンサスはありません。この問題はＩＰＣＣの最新報告書でも認識されています。

気候変動に対する適切な対応を策定するには、利用できる各々の対策を評価することが重要となる。世界の人口変化をどのように考慮にいれられるのだろうか？ 社会は人びとの全体的幸福、あるいはその平均的幸福、あるいは他の尺度を使うべきあろうか？ これに対する回答が我々の達する結論を大きく左右するだろう。（ＩＰＣＣ第五次評価報告書、２０１４年）

この点に関するＩＰＣＣの認識はまったく正しいといえます。報告書が言及しているふたつの代案を見てみましょう。最初の案は、人口変化に関して各国の将来人口を評価する際、異なる結果における幸福度総量を調べ、どの程度の幸福度総量を包含しているかによりランクづけします。この総量功利主義と呼ばれる見かたによれば、わたしたちは世界の幸福度総量を最大限にすべきです。だから、生きるに値する人が多いほど良いことになります。

この考えかたの問題点は、カヘーン氏もすでに指摘していますが（29ページ）、「いとわしい結論」につながることです。人口規模が既定されていない場合、幸福度の総量はふたつの方法で増やすことができます――人口を一定にしておき、人びとの生活をより良くするか、生きる価値のある人間を加えて人口規模を大きくするかのどちらかです。だから総量功利主義によれば、ほとんど生きる価値もない生活をしている莫大な人口が存在する将来のほうが、個人の生活水準が非常に高い少ない人口が存在する将来よりも良いわけです。しかし、将来世代の個々人の幸福を犠牲にして急速に世界の人口を増加させるほうが良いという考えは忌まわしく、かつ総量功利主義を拒否する理由になると思われます。それがデレク・パーフィットの「いとわしい結論」の例なのです。

いとわしい結論：非常に高い幸福度をもつ人びとで構成されるいかなる人口集団に対しても、他の条件が同等だとすれば、皆が非常に低い幸福度をもつ人びとで構成されるより良い人口集団があります。【16】

図3では各ブロックの幅は人数を表し、高さは人びとの生涯幸福度を示します。破線は、そのブロックの幅が図に表示されているよりもはるかに広いこと——つまり人口規模は表示されているよりもはるかに大きいことを示します。こうした人口集団は、過去、現在、および将来の人びとで構成されている場合もあるし、現在と将来の人びとで構成されている場合もあります。あるいは全体が（たとえば「次世代」のような）将来の短い期間を生きる人であったり、全人口がある行為（単独の行為でも、複数の一連の行為でも）に因果的に影響されたり、あるいはそうした行為の結果として存在している、などの場合も考えられます。図に表示された人びとはすべて幸福度がポジティブです——言い換えれば、すべての人が生きる価値のある人生を送っています。

A集団の人びとは非常に高い幸福度を感じていますが、Z集団の人びとは非常に

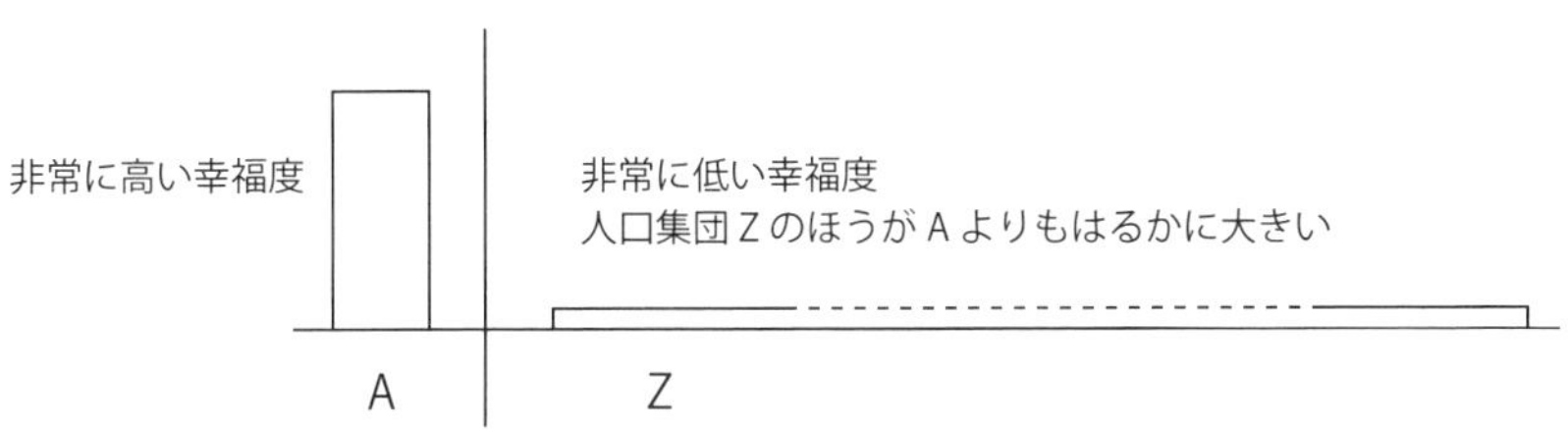

図３　総量功利主義と「いとわしい結論」：個人の幸福度が高く人口が少ない集団Ａと、個人の幸福度が低く人口がとても多い集団Ｚ

低い幸福度しか感じていません。そうなっている理由は、Z集団の生活では、パーフィットの説を言い代えれば、苦しみを上まわる喜びがわずかしか得られないとか、彼らの生活での良いことが、たとえばジャガイモを食べるとか、ミューザクを聞くとか、全体に質が低い場合などが考えられるでしょう【17】。あるいは、A集団の人びとに比べ非常に寿命が短いこともあり得ます。A集団では人びとがたとえば80歳まで生きるのに対し、Z集団では、今日のいくつかの発展途上国のように、平均寿命が35歳という場合も考えられます【18】。しかし、Z集団はA集団に比べて非常にたくさん人がいるので、Z集団の幸福度の合計がA集団のものよりも大きくなります。したがって、世界の幸福度を最大限にすべきと説く総量功利主義のような理論では、Z集団のほうがA集団よりランクが上になり、「いとわしい結論」の例となっています。

その名称が示しているように、ほとんどの人が「いとわしい結論」を、総量功利主義を拒否する理由として見いだしています。たしかに、「将来世代の個人個人の生活の質を犠牲にして人口を増加させれば世界をもっと良くできる」という考えかたは、まったく直観に反すると思われます。

それでは、平均幸福度を最大にするのはどうでしょう? 平均功利主義はわたしたちに「平均を最大化せよ」と説いています。実際、A集団とZ集団の場合、平均的幸福度はA集団のほうがZ集団よりはるかに高いので、平均の原則により正しい回答が得られます。したがって、平均功利主義は「いとわしい結論」を回避します。良い提案のように見えますね。でも残念ながら、別の問題があります。平均的幸福度を最大にする理論の問題点のひとつは、ある集団を人口に加えるほうが、別の集団を加えるよりも良い場合があることを意味する点です。前者の（加えられる）集団の個々人が生きるに値しない人生を送っていて、別の（加えられない）集団の個々の人間が生きる価値のある人生を送っていたとしても、あてはまる場合があります。次の図はそれを表現しています。

ここにA集団があり、Aを構成している「x」の人びとの生活の質は非常に高いものです。A集団の人口を増加させる方法は、低いながらプラスの幸福度を感じている「y」の人びと――生きる価値のある人生を送っている――を加えるか、極度の苦しみを味わっている「z」の人びと――生きる価値のない人生を送っている――を加えるかのどちらかだと仮定しましょう。

小さいながらも幸福感をもっている人びとをたくさん加えることは、極度の苦しみを味わっているより人びとを少しだけ加えることよりも平均的幸福感を低下させるので、平均功利主義によれば、生きる価値のある人生を送っている「y」の人びとを加えるより、苦しい生活を送っている「z」の人びとを加えるほうが良いことになります。この場合でもまったく直観に反する結論が出てしまいます。わたしはこれを「サディスティックな結論」と呼びます。

サディスティックな結論：他の条件が等しいなら、大きな幸福をもっている人びとを加えるよりも、非常にマイ

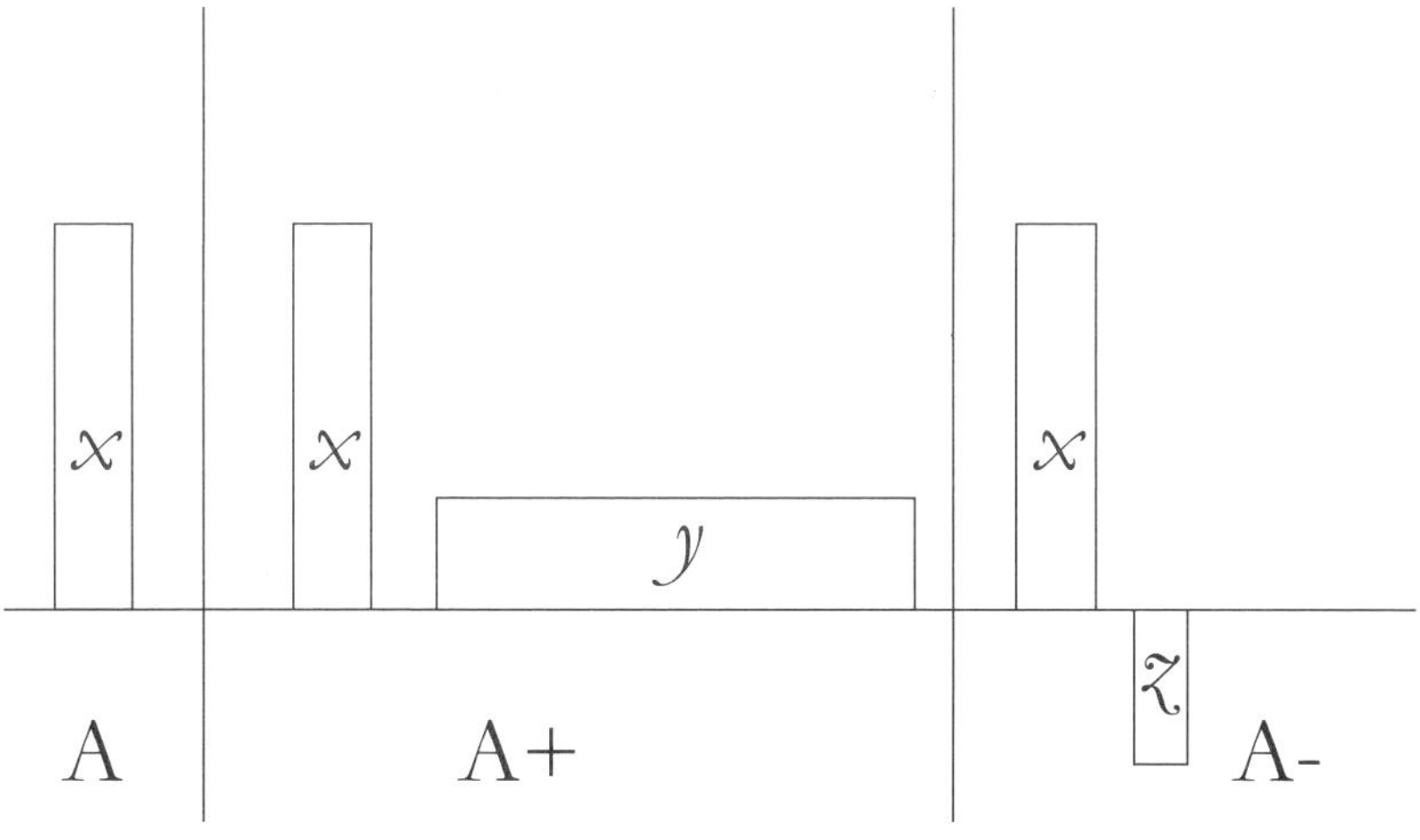

図４　平均功利主義と「サディスティックな結論」：A集団に、わずかながら幸福を感じている多くの人びと「y」を加える場合と、極度の苦しみを味わっている少数の人びと「z」を加える場合

ナスの幸福（＝不幸）をもっている人びとを加えて人口を増やすほうが、より良い場合がありうる。

これで、ＩＰＣＣの報告書で示唆された問題点がわたしたちにも見えはじめてきます。その問題点とは、人口集団を評価するための原則で、いかなる意味でも直観に反することのないようなものは見つからないかもしれないということです。この考えかたを最初に提唱したのはパーフィットでした。彼は人口倫理学にいくつかの逆説を提示し、現在では、いくつもの不可能性定理をわたしたちが実際に理解するようになっています。これらの定理は「ほとんどすべての人が受けいれうる、非常に説得力のある妥当な条件（原則）を整えることはできるが、これらの条件を相互に充たすことはできない」ということを表しています。これらの条件をすべて同時に満足させようとすると矛盾が生じてきます。こうした条件はわたしたちがここまでに検討してきた種類のもので、たとえばある人口集団Ａのすべての人が完全に平等で、同じ規模の人口集団Ｂの人びとよりも良い生活を送っているとすればＡのほうがＢよりも良い集団とする、わたしが「平等主義的支配の条件」と呼ぶものなどです。この条件は、「いとわしい結論」や「サディスティックな結論」を排除するために形成された条件などを含む、他のいくつかの説得力のある条件と相反します。

この種の不可能性定理は、わたしたちの前に立ちはだかる壁となります。こうした定理を前に、わたしたちは人口倫理学でどういう方向に進めば良いのかわからなくなり、ここでの切実な問題のひとつになっています。実際のところ、ＩＰＣＣの第五次評価報告書でも、ある程度認識されています。

現在までのところ、人口の価値判断についてのコンセンサスは得られていない。しかし気候変動政策は世界の人口規模に影響を及ぼすと考えられ、価値判断に関する異なる論理がこうした政策の価値判断に関して非常に異なる結論を導きだしている。それが気候変動の軽減に向けた政策の評価を非常に困難にしているが、文献ではいまのところほぼ省みられていない。（ＩＰＣＣ第五次評価報告書２０１４年版）

不可能性定理をどう解釈し、そこからどんな結論を導きだすのかに関する研究は、まだはじまったばかりです。不可能性定理によってはまりこんだ膠着状態から抜けだす合理的な道を見つけようとする論文も少しずつ出てきていますが、この分野ではさらなる研究が求められています。

わたしの直感では、ここでは簡単にしか申しあげられませんが、たとえば気候変動に関する異なる対応をどう評価すべきかというような実践的な文脈では、全容を網羅する人口理論は必要ないのではないでしょうか。論争を呼ばないような部分的原理、たとえば、豊かな生活のほうが貧しい生活より良いとか、苦しんでいる人びとを増やすべきではないとか、そういう原理を活用できるのではないかと思います。もちろん、わたしたちが比較する必要があるすべての事例をこうした部分的原理だけで網羅できるかどうかはまったく不明です。これはどんなオプションがあるのかに依りますので、その点も調べる必要があります（ここで人口統計学者の協力が大きな助けとなります）。そしておそらく、ある代替案のおかげで、何がより良い結果なのか判断するためにもっと手の込んだ理論が必要になるような状況に陥ってしまうのは避けるべきでしょう。

前にも申しあげたとおり、これはまだ粗い直感で、このアプローチが最終的に機能するのかどうかはまったくわかりません。不可能性定理の課題からいかに逃れるかの提案は他にもありますが、時間が迫っていますので、こうした問題は討議時間にまわさなければなりません。ただ、わたしの講演で、この分野の研究の重要性を少しでも理解していただけたなら（また、もっと考えてみようと思っていただけたなら）幸いです。経験的な環境研究の結果、わたしたちはおそらく生活様式の大幅な変更を考えなければならないことが示唆されています。同様に、道徳哲学から見いだされた厄介な不可能性は、この分野で根本的に新しい考えかたを導入する必要があり、固定的で一見合理的に見える考えかたは捨てなければならないことも示しているといえましょう【19】。

注

1 http://www.iffs.se/en/ を参照ください。

2 この講演（とくに前半）はジョン・ブルーム氏の承認を得て、同氏の講演「気候変動：生と死」（Broome 2014）を参考にしています。この講演は出版されています（Broome 2015）。さらにわたしがこの講演で言及している多くのポイントをより詳しく論じている（Broome 2010）も参照ください。

3 ここでは適応、損失および被害に関する交渉は除外しています、ご指摘いただいたデゥース・オッタースト ローム氏に感謝いたします。

4 RCP2・6の不確定範囲がやや狭いのが若干意外です。

5 「累積排出量を使った公正かつ意欲的な合意の評価」の図2 Glen P. Peters et. al. 2015 Environ. Res. Lett. 10 105004 doi:10.1088/1748-9326/10/10/105004. この図を参照するよう助言してくれたゴラン・デゥース・オッタースト ローム氏に感謝いたします。

6 「マルチ・モデルの結果は人間に起因する総温暖化を1861〜1880年と比較して2度未満に抑制する確率を66％より高くするためには、1870年以来の全人為的排出源からの累積CO2排出量を約2900

GtCO2（ＣＯ$_2$以外の関連物質により2550-3150 GtCO2の範囲）に止める必要がある。２０１１年までにすでに約１９００GtCO2が排出されている。(Pachauri et al. 2015 p. 10).

7 (Broome 2010, 2014, 2015) で強調されているとおりです。

8 このポイントは (Rockström et al. 2013) で強く協調されています。

9 (Rockström et al. 2013) を参照ください。

10 (Broome 2015)

11 (Broome 2010) に引用されています。

12 (Global Humanitarian Forum 2009) を参照ください。

13 直観的中立性のさらに詳細な議論に関しては (Broome 2004, 2010) を参照ください。

14 実際、ブルーム氏には失礼かと思いますが、多くの人びとが直観的中立性ではなく、より限定的な非対称的直観を心に抱いていると考えられます。わたしたちには自身が享受するであろう幸福から派生するポジティブな幸福感をもつ人びとをつくりだすことに対して賛成・反対のいずれの道徳的理由もありませんが。他方、自身が苦しむであろうネガティブな幸福から派生するネガティブな幸福感（不幸感）をもつ人びとをつくりだすことに対して反対する道徳的理由があります。したがって、わたしたちはポジティブな幸福感をもつ人びとを加えることには「中立」です。(Arrhenius forthcoming, 2000; McMahan 1981; Parfit 1982). を参照ください。

15 完全な比較可能性を放棄しても中立的・非対称的直観を擁護するのに不十分です。(Arrhenius forthcoming.) および (Broome.2004) を参照ください。

16 (Parfit 1984 p. 388) を参照ください。わたしの論説はパーフィット氏の説に比べて、より一般的です。論説のなかの「他の条件が等しければ」の条項は比較される人口集団が個々の幸福感以外の点では推定上、価値上での関連事項がほぼ同等であることを示唆しています。

17 (Parfit 1984 p. 388) と (Parfit 1986 p. 148) を参照ください。

18 編注：シエラレオネでは、１９９１～２００２年の内戦中、平均寿命が非常に短くなり、35歳台まで下落したとするデータもある。ただしそれ以後は平均寿命が延びつづけており、２０１６年には53・1歳となっている。同年では、全世界を見ても50歳を下回っている国はない（男女平均、ＷＨＯサイト http://www.who.int/gho/mortality_burden_disease/life_tables/situation_trends/en/ による）。

19 わたしはティム・キャンベル、ゴラン・デゥース・オッターストローム、ヨハン・ロックストロム、オリ・ステファンソンの各氏またとくに15年以上に亘りこうした問題をともに議論してきたジョン・ブルーム氏の有益な考察と意見に対し感謝を申しあげます。さらにニューヨークで２０１５年10月29日に開催された『地球温暖化―環境倫理とその実践―』に関する上廣・カーネギー・オックスフォード国際倫理会議での聴衆の有益な質問とコメントに対し感謝を申しあげます。またスウェーデン研究評議会からの財政的援助に対しても心から感謝いたします。

参照文献

Arrhenius, G. (forthcoming). *Population Ethics: The Challenge of Future Generations*. Oxford University Press.

——. (2000). *Future Generations: A Challenge for Moral Theory*. Uppsala: University Printers.

Broome, J. (2004). *Weighing Lives*. Oxford ; New York: Oxford University Press.

——. (2010). 'The most important thing about climate change', *Why ethics matters*, 101.

——. (2014). *Climate change life and death*.

——. (2015). 'Climate change: life and death'. Moss J. (ed.) *Climate Change and Justice*, pp. 184–200. Cambridge University Press.

Global Humanitarian Forum. (2009). Forum 2009: Climate Change — The Anatomy of A Silent Crisiis. *Human Impact Report*. Geneva. Retrieved August 13, 2016, from http://www.ghf-ge.org/human-impact-report.pdf

McMahan, J. (1981). 'Review: Problems of Population Theory', *Ethics*, 92/1: 96–127.

Pachauri, R. K., Mayer, L., & Intergovernmental Panel on Climate Change (Eds). (2015). *Climate change 2014: synthesis report*. Geneva, Switzerland: Intergovernmental Panel on Climate Change.

Parfit, D. (1982). 'Future Generations: Further Problems', *Philosophy & Public Affairs*, 11/2: 113–172.

——. (1984). *Reasons and Persons*. 1991st ed. Oxford: Clarendon.

——. (1986). 'Overpopulation and the Quality of Life'. Singer P. (ed.) *Applied Ethics*, 1 edition, pp. 145–64. Oxford University Press: Oxford: New York.

Rockström, J., Margot Wallström, & Laszlo Szombatfalvy. (2013). *Risken för klimatkatastrof större än vad de flesta tror*. Dagens Nyheter.

「生態倫理」による経済コミュニティの創出

吉川成美

気候変動に適応する農のかたち

わたしたちはいかに自然を外部投入（資材）としてあつかってきたのでしょうか。経済学および農業経済学は、自然と人間の線引きについて長らく――当然のように――人間中心主義を貫いてきましたが、ここでは日本の有機農業運動や「提携」運動を文化資本とし、気候変動あるいは環境問題全般への適応力とレジリエンス（耐性）を創出する「エコロジカル・エシックス（生態倫理）」という考えかたについてお話ししたいと思います。

近年、農と食のグローバル化が進展する一方で、気候変動に適応しうる農業の形態については実態経済やデータに根ざした農業の姿が求められています。「施設栽培の加温や空調については循環型エネルギーで賄います」、「太陽光パネルを設置しました」といった一見〝スマート〟な農業のショーケースは初期投資がかかりすぎ、実は何の改善にもなりません。補助金に依存してきた背景も多くあります。実際に施設栽培に付随する資材、品種改良された種、遺伝子組み換え、ドローンなどは手段のひとつであり、目的ではありません。にもかかわらず、今日ではそれ自体が目的化するようなポリティクスが働いています。あらゆる空間に対応しうる、土地の「土」に立脚しない農業は今後増えていく可能性があります。

しかし現実的に気候変動に適応しうるのは、自然と密接にかかわり、農産物が継続的に生産可能で、農家にとって、または消費者にとって経済性が成りたつ農業です。こうした点から次のふたつのキーワードが挙げられます。小規模家族農業とアグロエコロジーです。

２０１４年は国際家族農業年、２０１５年は国際土壌年でした。実際に世界の多くの農業大国といわれる国々では、新自由主義における自由貿易体制下であるからこそ、小規模家族農業やアグロエコロジーを擁護し、経済発展に欠かせないとして、気候変動時代の防災・食料安全保障の砦《とりで》として重視しています。

小規模家族農業の現実

実際に全世界には３億８千万の小規模農地と15億人の小農民がおり、世界の食料の50〜75％を生産しています。世界の農場の90％以上が２ヘクタール以下の小規模経営であり、土地の25〜30％、水の30％、農業用化石燃料の20％しか使っていない小農民は、生物多様性の擁護者であり、伝統知・文化の継承者であり、自然との適応・共生技術の革新者、都市住民を含む巨大な消費地への多様品目の提供者、多様な食料の生産者でもあります。家族を基盤とすることの多い小規模農家は、地域に根ざした農産物による間作や混合栽培、パーマカルチャーによる多様性農業が可能であり、化学肥料や農薬に頼らず、水や自然資源を汚染せず、それどころか激甚化する気候変動に耐性が強く、環境を改善していくという実績が評価されています。こうした小規模農家が消費地の近くに存在し、それぞれが適正規模で営まれ、地域で長期的に持続可能な営みを維持していくことは、経済危機や自然災害発生時にも耐性を発揮することができます。そのためには、小規模農業のエコシステムの創出や、消費地・消費者との社会的ネットワークが欠かせません。

しかし、大規模化・装置化・モノカルチャー化を進めてきた近代農業は、気候変動やさまざまな危機に対して不連続な発展を繰り返してきました。結果的に食糧生産が増加しても、飢えはなくならないという矛盾が定着し、持続不可能な農業の継続は自然生態系にも影響を与え、化石燃料資材を氾濫させ、種子でさえも本来の姿を失ってきました。

アグロエコロジーの波

アグロエコロジーのルーツは、ラテンアメリカにあります。ラテンアメリカでは１９８０年代に多くの場面で政府が社会的な政策から手を引きました。そこで、政府が本来取りくむべき小規模農家による食料安全保障や、生産面でのエコロジーの回復支援にＮＧＯを主体とする市民が取りくみはじめました。その後、アグロエコロジーは大学や政府計画にも大きな影響をもちはじめ、ブラジル、キューバ、ベネズエラといった国では、アグロエコロジーが農村開発の基礎として政策の旗印に掲げられています。

アグロエコロジーは、有機農業をより多様化する一助となっています。多くの経済先進諸国では、有機農業といっても企業による大規模モノカルチャー生産によるものが多くみられます。化学物質利用の代わりに有機認証基準で認められた他の製品を使う工業的な有機農産物のプロダクト化は、実態としてはいまだにモノカルチャーです。アグロエコロジーは農民たちが政府や大企業から投入される種子、肥料、農薬などに依存することなく、自立して多様な農業を実現することを意味します。それによってはじめて持続的な生態系を維持することが可能となるのです。消費者にとってのアグロエコロジーとは、生物多様性の豊かな農場を描くお手伝いをすることであり、それはともに風景をつくることでもあります。カルフォルニア大学バークレー校のミゲール・アルティエリ（Miguel Altieri）教授は、アグロエコロジーを生態学に基づく科学として位置づけ、同時に人類学、社会学、農学にも立脚し、人と自然とのかかわりの総体としての農業をどう持続可能にデザインするかを研究してきました。

自然破壊がもたらした有機農業運動

1960年代から1970年代にかけて、世界各地で自然破壊・環境問題に関する社会運動が全面化しました。日本の有機農業運動は、高度経済成長のさなか、環境破壊や健康破壊に対して、市民としての抵抗運動を開始しました。1971年の日本有機農業研究会の設立は、正確に〝公害の時代〟を反映しており、農薬や化学肥料を多投した近代農業批判を通して、オルタナティブな農業を提案することを目標としてスタートしました。有機農業の拡大を通して、命を大切にする社会の実現を目指したともいえます。その戦略は、農民の使命感から出発し、環境・健康破壊に抵抗し、それに共鳴する都市住民の仲間を増やしていくというものでした。

同時期、世界各地ではじまったこの近代農業批判は、IFOAM（国際有機農業連盟）設立（1972年）の原動力となり、70年代、80年代を通して、各国の風土に見合った地道で着実な前進を遂げていくことになりました。

このIFOAMを結節点としながら、世界各地で展開された有機農業運動の大きな転換点が訪れました。それは、1992年の地球環境サミット（国連環境開発会議）です。東西冷戦の終焉によって、2超大国による世界秩序が解体し、そのあとを埋める新たな世界秩序が求められていました。それは、資源管理システムを柱とした世界秩序の維持体制でした。このサミットの目的は、資源エネルギー分配をテーマにした5大国の世界秩序を調整することにありました。これ以降、「リオ宣言」に基づき、EUでは持続可能な産業への転換という国の政策によって、有機農業が拡大期に入りました。

上述したように、ラテンアメリカでは、1987年にアルティエリがアグロエコロジーを積極的に提唱しこれをラテンアメリカで有機農業運動に取りくむ人びとが評価し、次第に農民運動がその影響を受けるようになりました。そして、中小農業者・農業従事者組織の国際組織であるビア・カンペシーナが本格的にアグロエコロジー政策を掲げ、有機農業運動がアグロエコロジー運動へと発展、政府への影響を強めながら有機農業は拡大していきました。

わたし自身は、「農業は人類が手にした最初の芸術、農業は自然破壊のはじまり」であるという概念を、永田照喜治（農業指導家）に厳しく教えられた経験があります。永田氏は、有機・無機にかかわらず、野菜を原産地の環境に近づけて育てることで本来の姿を取り戻し、環境負荷をかけずに経済的にも成りたつ農業を指導してきました。一時代の資源管理が将来の営農にどのような影響を与えるかは、歴史が構造的に示してきたことですが、無責任な外部投入依存は止まず、化学肥料、殺虫剤、除草剤の使用量は、日本は飛びぬけて高い数値を示してきました。そもそも有機農業運動の根幹は、農薬の最初の被害者である農村の生き物・農家の命を守ることや、食料に対する尊厳を守ることにあります。農村の美しい景観、作品としての農産物は芸術です。しかしひとたび間違えると、みずからの命を含む自然破壊に直結します。有機農業とアグロエコロジーをつなぐ生態倫理はそのことも示しています。

制度としてのオーガニックに不足する生き物の気配

世界のオーガニックはIFOAMを中心として牽引されてきましたが、有機農業の哲学による社会のしくみの変革運動（第1期）、市場経済による拡大期をふまえ（第2期）、これから何を選択すべきか（第3期）、その選択すべき未来にむけた行動の特徴と実践目標が、６項目にまとめられています。現在、メインストリームへ向かう３・０の時代に入っているとしています。

1　イノベーションの重視
2　ベストプラクティスに向けた継続的改良
3　完全な透明性を確保するための多様な手段
4　持続可能性に向けたより多様な取りくみの包括
5　農場から最終産物までのホリスティック・エンパワーメント
6　実質価値に応じた公正な価値づけ

これはＩＦＯＡＭが現実の問題を克服しながら、有機農業が本来もっている機能を発揮していこうという点を強調したものですが、日本の有機農業の現場からみて、ひとつ欠けている点があるとしたら、「生き物の気配のしない農業を未来に残していくことをどう考えるか」、という視点が欠けていると思います。

今の農業を見ていると、どうも本来農業で目指そうとしているものと違うところに向かっているのではないかと思えてしまいます。それは端的に言えば「生き物の気配のしない農業」です。命に対する共感の薄い、化石燃料を中心にした農業資材をふんだんに使用した猛威的な農業のありかたです。これは農村地域の風景をあっという間に一変させてしまいます。有機農業政策が推進され、有機農産物を生産しているビニール資材で埋め尽くされた農村集落の風景を見たときに、戸惑いを感じたことがあります。

人間の自己満足の農業では植物の声を聴くことはできず、植物も本来の香りや旨みを発揮することができません。いざ危機に瀕したときに、人類が脈々と開墾してきた農業のこれまでのありかたを、その記録を正確に捉えて変えていくことができるかどうかが、今後の重要なポイントだと思います。生命に関わる危機はいつ来るか予想できません。そのときに各自が正しい判断をできるかが問われたのが、2011年の東日本大震災でした。

気候変動を含め、ソーシャルリスクに対して、どのように農業を通して関係性を結んでいけるのでしょうか。

2011年3月11日の東日本大震災を機に、山形県高畠町の星寛治ら有機農家の有志と早稲田環境塾が協働ではじめた「たかはた共生プロジェクト」は、田園の自然・暮らしを活用した農家体験や野菜づくりを柱に、東北の農家が受けたダメージに対して被害者である農村・農家と従来生産された農産物を享受してきた都市の消費者が、ともに生存者として行動をおこしたプロジェクトです。当時、農家が受けたダメージは「風評被害」といわれていました。わたし自身の長年にわたるフィールドワーク先でもある「東北の農家が放射線の数値問題で風評被害に遭っている」という声を聞くにつけ、この状況を打開しなければならないと、当初は思っていました。しかしプロジェクトが5年経過した頃、これは「風評」などという実体の知れないものではない、お互いの気遣いや心がけでよい方向に考えて仲良く生きていくなどという善意の絆で覆いかぶせてはいけない、れっきとした「被害」のプロセスであると自覚するようになりました。環境社会学で論じられてきた「加害者・被害者」、または「受益圏・受苦圏」といった明確な構造があり、そこでは農家のみならず消費者も互いに被害者です。両者は、2011年3月11日以降、「生存者(Survivor)」として生きる者同士であると捉えていくようになりました。従来の環境社会学では、「被害者でもあり、加害者でもある」という入れ子構造の主体分析に至り、環境問題を社会システム全体の問題として捉えてきましたが、今回の東日本大震災でおきたことは、被害者はあくまでも被害者であると、わたしは断言するようになりました。「風評被害」について決着がつかないのもその例です。

ここで言う「風評被害」とは、ある社会問題が報道されることによって、本来危険ではないもの（食品・商品・土地・企業・住民・将来生まれてくる子ども・自然・生き物）を人びとが危険視し、消費・取引・往来・観光を中心とした経済活動全般を控え、やめることなどによって引きおこされる経済的被害や、対象者への社会的疎外、対象地への分断、差別的行為のことです。

したがって、東日本大震災による「風評被害」は、極めてメディア的な現象であり、情報の伝達や科学的知識の不足、科学的な安全と主観的な安心感の乖離に係わる問題であり、メディアのリテラシー全般が問われる結果となりました。

たかはた共生プロジェクトの実践

山形県南部の高畠町は「まほろば」の地と称されてきました。「丘、山に囲まれた実り豊かな住みよいところ」という意味です。住民の約8割が有機農業を含む環境保全型農業に取りくみ、奥羽山脈から湧きでる清流の恵みを受けて生き物がにぎわう水田でコメづくりをしています。ブドウ、リンゴ、ラ・フランスなどの果樹も里を彩ります。

農薬汚染、公害問題が全国で吹き荒れていた１９７３年、農家で詩人の星寛治を中心に、機械化や化学農業・肥料を投与する農業の近代化に疑問を抱いた農業青年38名が、高畠有機農業研究会を発足させ、農家と消費者が直接つながる「提携」による有機農業運動をはじめました。

環境問題をテーマにした有吉佐和子のベストセラー『複合汚染』も星寛治のリンゴ農園から取材しています。

提携とは、農家と消費者がともに学んで支えあう信頼関係と相互扶助のもとに、自然生態系を重視した有機的な生活を目指すものです。一般の市場経済とは距離をおいた、「贈与」的な関係性を重視した農産物のやりとりは、顔の見える関係から心のつながる関係へと成長していきました。発足当初から農家と消費者は話しあいで決めた価格によるコメやリンゴなどの農産物を介して提携を実践してきました。２０１１年に出版された『高畠学——農からの地域自治』（藤原書店）のなかで提携の生の声をまとめました。このとき有機農産物の価値は「モノ」から「コト」へと変化を遂げ、現代の「共有経済《シェアリング・エコノミー》」に近い、ユニークな経済活動の原型となっていました。

この出版の直前、東日本大震災と原発事故が発生しました。隣接する福島からの多くの住民が高畠にも避難してきました。原発から85キロの高畠町も風評被害の深刻な影響を受けました。同年秋から消費者からの買い控えもあり、取りあつかい量は大幅に減少。45年積み重ねてきた産直提携はたちまち崩壊の危機に陥りました。長年、食の安全を重視して提携を実践してきた消費者は、見えない放射能汚染や公表される数値を疑問視し、防護策を取るべく必死でした。市場原理を乗り越えて、人間の信頼関係に基づく公正なトレードを実現してきた関係が、もろく崩れ行く事態は、全く予期せぬ衝撃だった、と星寛治が述べています。このように農家は消費者に去られた動揺と風評被害の痛みをこらえるしかありませんでした。わたしたち大学側は、これまで多くの学生を高畠に送ってきましたが、農産物の提携はおこなってきませんでした。そこで、ここは提携のありかたを見直す機会ととらえ、農村側の生産者と都市側の消費者の双方のプロジェクト、「たかはた共生プロジェクト」をスタートすることにしました。

これまでの提携運動は、原初的には消費者グループが農家へ伺い、提携を実現してきましたが、「たかはた共生プロジェクト」は提携の現代版を模索するべく、双方から代表、理事、幹事を立て、消費者と農家から会員を募り発足しました。

現代版の有機農業運動の手法

「たかはた共生プロジェクト」は、田園の自然・暮らしを活用した農家と消費者の提携、体験型環境教育、自給農園を柱に、双方の信頼を取り戻し、次世代に引き継ぐための新しい提携のありかたを追求することにしました。

まず米の共同購入以外に、さまざまな農産物、流通・分配方法を試し、経済的に無理のない、継続可能な提携を実践する「青鬼クラブ」がスタートしました。高畠町出身の童話作家浜田広介の『泣いた赤鬼』の親友、青鬼にちなんで名づけられました。有機・天日乾燥米を中心に、会員40名、毎月配送（お休み可能）、毎月25～30名が3キロ、5キロ、10キロなどのコースを選んで提携し、年間150キロ相当の提携をスタートしました。非常時は互いの生活を助けあう「震災協定」を盛りこみ、農家と消費者が一緒になって「自給自足」の価値を共有する「青鬼農園」も開設し、提携の新しいメニューに加えました。風味豊かな蕎麦をはじめ、名物のせいさい菜、大根の菜飯を楽しむ大根、間引きした菜も大切に自給野菜を配りました。高畠では全ての学校で農業を学ぶ「耕す教育」が実践されていますが、この「青鬼農園」は高畠第3中学の学校農園と同じ農地をお借りし、中学生たちが先行して夏野菜を育てました。これを「青鬼農園」とし、消費者の自給農園と位置づけ、震災をはじめとする災害時にお互いに助けあう「震災協定」を策定しました。

さらに農家と消費者によるメディアのリテラシーを強化するためにも、農業と食についての対話を通じて自分たちで発信する「青鬼サロン」を提携のメニューに加えました。昨年は毎日新聞本社一階、「毎日メディアカフェ」で、高畠第3中学の修学旅行生が価格や売りかたを考え、育てた野菜を自分たちで販売しました。農産物は15分で完売。

震災後の中学生たちの想いを伝え、「ふるさと」など3曲の合唱曲を披露する場面では、行きかうサラリーマンが足を止め、思わず涙を浮かべるシーンもありました。

「青鬼サロン」は「有吉佐和子『複合汚染』その後、そして未来」と題して、娘さんの有吉玉青さんが見守るなか、高畠総合高校の学生たちによる「ふるさとＣＭ」の上映会も併せて高畠・浜田広介記念館でも開催されました。風評被害、海外で評価される「提携」など、分かちあいの社会をテーマとし、メディアのリテラシーを磨くというテーマを根底におきました。

「提携」とグローカルなネットワークづくり

「たかはた共生プロジェクト」は、震災で分断された東北を「農」と「食」でつなぎなおすことで、新たなコモンズの形成として有機農業の世界を広げていこうとしています。この間、消費者の食べ物に対する向きあいかたが少しずつ変化しました。農家と消費者の「作付け会議」では、作物ごとの栽培履歴の説明、価格の合意のみならず、近年の経済、天候の状況変化よって引きおこされる地域の課題を共有しています。

『シェアリング・ザ・ハーベスト』の著者エリザベス・ヘンダーソン（Elizabeth Henderson）は、70年代にはじまった日本の産消提携が、「CSA：Community Supported Agriculture（地域支援型農業）」という形でスイス・ドイツを経て、アメリカ、カナダ、イギリス、ヨーロッパの各地で進展していることや、その方法や価値について実践を交えて紹介しました。彼女も中心メンバーとなっているＵＲＧＥＮＣＩ（ウージャンシー：国際提携ネットワーク）は欧米に広がるこうした新しい提携から世界の家族農業を支え、フランスを拠点に、食と農を通じて農家と消費者が地域に根差した経済モデルを実現することを目的とし世界の産消提携をつないでいます。2015年6月ミラノ市で開催された「人々のエクスポ」では、会長のジュディ・ヒッチマン（Judith Hitchman）が「食料主権」、「連帯経済」をキーワードに、自由貿易時代の小規模・家族農家の価値を強くアピールしました。この団体の機関誌は日本語で「提携 TEIKEI」という名前がつけられています。彼らにとって日本は「提携」の発祥地、原点です。わたしは「たかはた共生プロジェクト」代表として、農家と消費者が信頼を回復することで苦難から立ちあがろうとしている東北の状況を伝えました。

また、従来の〝農民〟像をうち破り、アプリ開発や〝ひとりメーカー〟を実現するイノベーター世代が「社会的農業」としてCSAを推進している中国では、2015年秋ウージャンシー国際大会が開催されました。そこで、日本にルーツをおく産消提携の哲学（「提携の10か条」）を世界に広げて欲しいとの声が高まりました。実際に、国際協力の見地から栽培・生産・出荷まで日本式を導入したCSAが評価され、ベトナムやフィリピン、タイ、ラオス、カンボジア各地で、環境に配慮した産消提携による農業で地域に貢献する日本人の姿が見られるようになりました。地域に根ざす自立した農業を営み、魅力ある農村文化ツーリズムや次世代の仕事づくりには何が必要なのか。「たかはた共生プロジェクト」はウージャンシーの一員として、農家と消費者の交流を域外に広げ、国を超えて各地域に共通する課題を分かちあうことを次の目標としています。

「たかはた共生プロジェクト」もウージャンシーの一員として、農家と消費者の交流を地域外にも広げるとともに、世界各地に共通する貧困や農村の疲弊、エネルギー、気候変動、平和的社会などの課題をともに考え、解決手法の成果などを分かちあうことを次の目標としています。

生態倫理（エコロジカル・エシックス）とコモンズ

アグリカルチャーは Agri + Culture です。農業は文化、文化を耕すのが農業です。人間が農耕をはじめて以来、一貫して人間が自然を開発して、元の姿から改変してきたものだと考えています。開発行為というものは、人間にとって都合のよい、または心地よい豊かな田園風景をつくりだしますが、自然にとって、または小さな生き物たち、野生動物にとってみれば人間が勝手につくりだした空間、アメニティであるということです。

これが行き過ぎれば砂漠化、河川の枯渇、土壌流出、文化が失われ、遂には文明が滅びるという歴史を経験してきました。こういうサイクルにあることに無自覚なまま先延ばしにする政策は、もう取れない時点にきています。より本質的に考えるならば、人間と自然の関係については、ただ緑を大事にすればよいということでは済まされないと考えています。生き物の気配のする農業は総体として風景を創造していきましたが、それをどう価値化するのかという議論を後回しにしてきたという事実があります。

さらに、日本人は何によって危機から立ちあがってきたのかという点については、そろそろ答えを出さなければならないのではないかと考えています。イデオロギーなのか、神話なのか、自然の再生力なのか、結果的にはこれら三つの全てで事実に蓋をするわけですが、実際は、つねに深い傷を負いながらやり直していこうという、被害者であり、立場的には弱者である側の人びとの精神力に寄りかかって社会全体が発展を続けたという歴史的構造があります。水俣病の語り部を続けてこられた杉本栄子は「人様は変えられないから自分が変わる」といいましたが、日本社会がどうにか発展してきたのも、産業公害、あるいは近代農業の農薬禍に対して、最も自然に近い一次生産者＝被害者が社会から忘却・疎外され、つねに自然に向きあい、生き物とともに生態系の再生に携わってきたことに依拠した結果です。本来、風景を取り戻すということは、そう簡単ではないことです。

再生されてきた風景は、アニミズムという表現では言い尽くせない、自然と人間の共生の暮らしぶりが伝わる風景です。こうした風景を美しいと評価してきたのが日本の「花鳥風月」の自然観でした。これらは生き物の気配で成りたつものですから、生態系を重視しない農業からは創造することはできず、いくら有機農業、○○農法という形態をとっても、生き物が不在であれば根源的な美しさには欠けてしまうでしょう。農業が自然生態系に配慮し、循環を形成するシステムとなれば、それはかけがえのない人間と自然の芸術となるでしょう。

「たかはた共生プロジェクト」の星寛治（農民詩人）と埼玉県小川町金子美登（百姓）のふたりはどちらも、自分の有機農業で育てた「作品」を消費者へ直接「贈って」きました。生き物が循環する農業は、ひたすら向きあう「土づくり、水、生態系との共存・共栄」の磁場であり、人間が生かされるための風景を維持しています。

ではわたしたち消費者側は、将来にわたって美しいと思える風景をつくれるのでしょうか。

今後の社会は、わたしたち消費者側が美しい風景にどうかかわれるのか、農業生産にかかわるコストをどう負担していくのか、どのように農産物を直接つなげていくのか、農家とどういう関係性を結ぼうとしていくのかを、事実に基づいて解決していくべきだと考えています。現代版の「入会地（コモンズ）」を創ることが生命倫理の目的です。

エコロジーから本来の経済を取り戻す現代版コモンズ

ミクロな生態系は声を出すことができません。小さな生き物の変化はほとんど目に見えない形ではじまっていき、しばらくしてもその変化は人間や哺乳類、生態系連鎖の上位の生き物のなかに隠れ、目立って目に見える形にはなりません。

近年、一枚の田圃のなかに生息する生き物については、生態系サービスや生き物認証の取りくみにもみられるように、科学的にも文化的にも評価され、それらの生き物たちの賑わい、増殖のなかで営まれる有機農業は、人と自然の織り成す意義深い「伝統知」として捉えられ、評価されるようにもなりました。

これは生き物の力が経済に影響を与えた一例でもあります。その例は、コウノトリ、トキ、タゲリ等々の野鳥にかかわるもの、田んぼの生き物・文化を護るための棚田オーナー制度（企業・学校田の事例）など、絶滅危惧種の野生動物への保全活動をベースにしたものづくり、サービス、さまざまな商品開発、ブランディングなどもみられます。生態系の循環を守ることと直接つながる一次生産や、補助金に頼らない保護活動を創出する取りくみは各地で芽を出しています。活動を実践するキーパーソンたちは自然と人間の関手（プロンプター）であり、生態倫理の担い手としての役割を担い、地域全体がみずからの生き残りをかけて、人間の手で失われた生き物の気配を取り戻す選択がなされました。

これらの動きは、２０００年に有機農業推進法が制定されて後、「認証」としての有機農業の正否が問われるようになり、日本の農業の存続の形が問われる議論が継続されるなかで、各地域で生まれてきたものでした。生産者と消費者を超え、二者を一体として結ぶための参加型認証の構築は、介在する田んぼの生き物を重要なステークホルダーとして位置づけ、それを価値化することで、商品価値を環境の価値として乗り越えた、地域、そして市民ベースの活動も含めて、日本独特の農村市場の形成の事例でもありました。「生物多様性経営」、「生き物認証」と呼ばれ、それが為したものは事実上、自然と人間の「平和のマーケティング」の実践でもありました。

そもそもわたしたちの経済活動は、貨幣を介する交換と、プリミティブかつ伝統的な贈与という二つで成りたっています。

後者の贈与では贈り物の交換において、分離されていないわたしと相手との間でつながりが発生し、モノと一緒に人の想いが発生してきます。そしてそれを受けいれたときにお返しをする関係が即時に生まれてきます。この関係のなかで循環する想いを殺さないように送り返す、という倫理が生じるのです。贈与という経済システムは、信頼と互酬性のネットワークを生みつづける人類の経済システムの根源でもあります。

産業革命以降、人間と人間の間にある霊的・人格的なつながりを消していく貨幣による交換は、人格がモノと一緒に動いてくるような贈与の重さ＝不合理さを消し去っていくことで、モノに付随する「気持ちの流れ」である贈与そのもののありかたを変え、形骸化していきました。モノと人を分離し、生産者と消費者の間には人格的なやりとりなど何もなかったことにするのが「流通」の役割でもありました。

そして、ある人間にとって都合のよいモノだけが流通するようになるのです。そこでは一方的でかつ利己的な贈与が繰り返され、いわば都市的な贈与がむしろ市場化されるという事態になっています。日本では「母の日のカーネーション」「バレンタインデー」「クリスマスギフト」などの商業イベントが典型だといえるでしょう。

一方で、お中元・お歳暮、あるいは付け届け、不正に近い賄賂などは、願いのこもった関係性をつくりたい希望や、その一定の示唆をモノに載せるという意味において、贈与の本質をあえて招き寄せた経済行為ともいえます。現在ではシェアリングエコノミーのように、経済のあらゆる分野で分配・共有といった新しい形をつくることで、贈与の取りこみがおこなわれる傾向が強くなっています。公と私の間の共とは何なのかについて、利己的な気配りではない倫理的なやりとりを現代に蘇らせる術として贈与が生まれ変わろうとしています。

アイヌ民族の社会には、野生動物との間でアニミズムの儀礼として魂の「送り」の祭祀であるイヨマンテという祭りがあります。アイヌ民族は、集落内部で自然への祈りを捧げる儀礼を継承することで、人間の生活を維持してきました。イヨマンテには、人間と自然の間で魂を向こうの世界へ送り返すという意味があります。人間たちが野生動物を大切にその命をあつかってくれたなら、その返礼として人間に収穫という形で贈り物がもたらされるという考えかたがありました。

アイヌ民族だけではなく、各地で継承されてきた里山の循環は、まさに贈りものの環による自然との生きた交換が生じていました。それこそ多様な異なる対象としてステークホルダーによる共生の実現であり、生態倫理の実践の場でした。

生態倫理は、まさにこの「贈る」対象がいなければなりません。これは現在から将来の世代をステークホルダーにした「持続可能性 Sustainability」とは異なり、人間以外の動植物、土地の霊、すでに亡くなった人、息の吹きこまれた道具、言葉を話さない、飼いならされていない（野生）動物をも対象・ステークホルダーに含むという点です。

石牟礼道子の『苦海浄土』では、幼いころから親しんだ不知火海の海辺で魚たちと漁民らが織りなす豊饒な世界が表現されている一方で、その豊かな世界が公害で突然、破壊される不条理が描かれています。この作品の語り手でもある石牟礼が、環境破壊により失われた被害者と生存者たちの生態倫理のプロセスを、失われた命、死者とともに、生きた声によって描いた作品です。

日本のみならずアジアの自然観は、『苦海浄土』にもみられるような「自然に包摂された人間」という根本的な思想に基礎づけられてきました。そこでは自然と文化は分割されるのではなく、自然が文化の内部に折りこまれ、文化は自然の内奥に包みこまれていくことが、理想とされてきました。またこの倫理は庶民の暮らしに深く息づいており、日本人の無意識の構造をかたちづくっており、料理や造園、農業や漁労、祭祀、冠婚葬祭、はては経済システムやマーケティングであろうと、あらゆる領域に浸透しているといっても過言ではありません。

現代版コモンズを伝う生態倫理をベースにした経済と、平和の経済、および「平和のマーケティング」に関する事例は他にもあります。たとえばカンボジアのゴミ山で暮らす子どもたちの雇用を生み、未利用資源を活用した循環型のものづくりの事例、ベトナムでの農家と消費者の提携運動から生まれた参加型認証導入に向けた農家参加型プロジェクトなど、現在は若い世代を中心に、世界を舞台に展開していきたいと考えています。消費者も含めた実践者たちは、法制度や地圏を越えて、自主的に平和の経済圏を内発的につくっていきます。この倫理は人間にだけ都合のよい資本主義の先に、新しい消費と生産の舞台を創出していくでしょう。

大学教育、環境教育においても、持続可能性とのかかわりをみても、コモンズなどの新しい価値観を軸にしたマーケティングや生態倫理に基づくビジネスの理解と実践は主流ではありませんでした。経済行為は学門の枠外でおこなうべきものであり、経済の実践プログラム、活動に関することは課外授業の範疇として位置づけられがちであること、また、「お金」と「政治」については意見を言わない、具体的な行動に結びつけないのが、日本の教育業界の「暗黙知」でもあるかのように、実態をともなった経済の流れのなかでの環境教育の実践プログラムは稀有に等しいのが現実です。

生態倫理と生物多様性、持続可能な開発目標（ＳＤＧｓ）

生物多様性とは、生物種の多様性、遺伝子の多様性、生態系の多様性の３つの多様性を包括する概念です。さらには地球の40億年以上の進化の結果として多様な生物種や遺伝子が存在し、また多様な生態系があるというだけではなく、その生命の進化や絶滅という長い時間の変化を含む概念でもあります。現在の生物多様性をそのまま維持していくことではなく、自然界における競争や共生など、生物同士の相互関係により進化し、また絶滅していくダイナミズムが、将来にわたり確保されることが重要なのです。

生物多様性条約は1992年5月にブラジルのリオデジャネイロで開催された国連の環境と開発に関する会議で採択され、排出権取引と同様に、2000年のミレニアム生態系などで便益を巡る貨幣換算、経済評価がなされてきました。しかし、その間も地球上の限られた資源は枯渇を防げず、現在年間に約4万種が絶滅しているといわれています。生物多様性は本来、実践的な倫理を必要とするものでした。規範・ルールのない生物多様性のモデルケースを挙げ、アジェンダを作成しても、根本となる倫理的な枠組み・概念がなければ将来につなげる経済性も不確かなものとなるのです。

また2000年にもうひとつの重要な手続きがなされました。国連のミレニアム開発目標（MDGs）です。189の国連加盟国は対象となる目的や意義を示しましたが、問題解決のための実践には至らず、これを受けて、2015年9月、ニューヨーク国連本部において、「国連持続可能な開発サミット」が開催され、その成果文書「我々の世界を変革する持続可能な開発のための2030アジェンダ」が採択、持続可能な開発目標（SDGs）が掲げられました。

わたしたちが求める世界（The World We Want）を描き、課題を解決へ向ける実施・行動が求められています。現在、生物多様性を身近に感じられる人は少ないかもしれません。しかし人類は小さな命のつながりや、なによりも生存の基盤である食料、水、空気は全て他の生き物たちに頼って生きていくしかないのであり、自然の反対側の都市空間にいながらにして、お金を払えば生存の基盤が手に入るという保証はどこにもないのです。

震災以降、自然界の変化は人に影響を与えてきました。田んぼという空間はまさにそこのことを表現しています。里山の田んぼは、生態系のヒエラルキーの頂点から底辺まで実に多くの生き物が、実際には上も下もなく循環の環のなかで生きていることを実感できる場所です。人の生活の範囲内でともに生きる生き物たちは、田んぼのみならず、僻地といわれるような山地、斜面、河畔林、または深海、深い霧に包まれた淡水湖においても、農林水産業の基盤となって人の暮らしを支え、生産方式の影響を受け環境に適応して生息してきました。人間側の視点から離れて、生き物の視点からみれば、古来、多くの文化はその環境に生きる生き物たちが、人間の生産活動にとってふさわしい空間を創出してきたといえるのではないでしょうか。そして人間が負の循環を自然に戻せば、負のフィードバックがおこることは言うまでもありません。たかはた共生プロジェクトの提携米「かぐや姫の詩」の生産者、星寛治の水田には、農薬や肥料60年の月日をかけてホタルが戻ってきました。このことはホタルが暮らしやすい空間を人間が培ったということを超えて、さらには稲を育てる生産者のみならず米を食べる消費者にも、数値では示せない安全性を届けることにつながっています。ホタルの心地よい空間が人と自然、または人と人の倫理を培い、実践的な生態倫理が機能し、コモンズを創出する価値の変容がおこっています。

近年は、野の生き物が野生のテリトリーを奪われ、人間の里山に現れるようになるという獣害被害も加速しています。人間の活動により野生の条件が変化するなかで、健気に生き抜くしかないイノシシ、サル、そして熊や絶滅危惧種の野生動物までが異常な循環のなかにおかれ、そして越境するようになりました。自然災害や人災によるケースだけでなく、従来型の人間の活動と野生動物とのバランスも、いよいよ危機的な状況になってきています。

アグロエコロジーによる生態倫理的行動

しかし、いま改めてわたしたちが問わなければいけないのは、震災から復興を果たしたのは何だったのかということです。道路や橋、津波の高さを想定した防潮堤などの交通インフラでしょうか? 交通インフラの復興は人の暮らし、活動の範囲の復興でもありますが、そこで営まれた暮らしの復興は、多くの小農に代表されるような家族を主体にした農林漁業の担い手、そしてそれを支える消費者によって成りたつはずです。先述したように、「提携」は共有《シェア》の経済学と呼ばれるものに近いですが、それを有効な手法として震災からの復興を成しとげたのは、分断や差別による対立の構造ではなく、新しい生態系サービスの捉えかた、つまり、生態倫理の復興でした。生態倫理とは、従来の資本主義が二分してきた自然と人間の分離機能や、人間の欲望のロゴスから成りたつものではなく、どちらも分けることのないつながりの意識から成りたつものです。

現在、農を守ってきた人と生き物の連鎖による農村の基盤、土や水、それらが織りなす農村生命装置でもある生態系そのものの維持が日本全土で危ぶまれています。経済活動の変革や自然との間でおこしうる関係修復のしくみとしての社会技術を開発し、収奪や分断を助長しない成長のシナリオを選択できなければ、持続可能な未来を選択することもできないでしょう。

2011年以降に、震災後の東北で端を発した数々の農村復興の草の根活動は、新しい食料システムを構築する際の基盤となっています。住民の孤立化が著しく進む都市社会に本物の食と農をつなぐことによって、人間の尊厳を呼び覚ますこと。たかはた共生プロジェクトは、さまざまな方法を試し、このことが農業の復興の柱にしたいと思いました。そのときに立ちあがってくるのは生態倫理を文化の根底に据えることです。日本のＴＥＩＫＥＩから学んだといわれる欧米のＣＳＡやＡＭＡＰ（Association pour le Maintien d'une Agriculture Paysanne）の進展には、生態倫理による農業、経済、ひいては人間の尊厳の取り戻しを見るようでもあります。過去の日本の提携と何が進展したかといえば、単に安全なモノが手に入ればいいというのではなく、相手の地域づくりにもしっかりとかかわって一緒になって地域の再生と新しい創造を目指しました。そこには、農家の本音や、消費者のわがままを互いに出しあいながら、やはり都市に届けられる食べ物や生活物質をつくる生産地を困難があればしっかり支援しよう、適正価格を話しあい、全量を買い取り、農地と家族農家を直接みずからの生活の延長に位置づけるという自立した消費と経済を手にすることなのでした。これらは生態倫理の実現に向けた有効な手段として、海外でのケースは経済的に成り立ち合理的な仕組みとなって増加しています。

たかはた共生プロジェクトは、総合地球環境学研究所のアグロエコロジーに関するワークショップにおいて、主権（Sovereignty：尊厳ある人間の権利とその回復）という概念をどのように考えるかについての議論を通して、個別連携実践プロジェクト「地域に根ざした小規模経済活動と長期的持続可能性——歴史生態学からのアプローチ」（小規模経済プロジェクトリーダー：羽生淳子）による「日本における食料・分配・消費システムに関する行動指向型提言」の策定に参加しました。これは気候変動あるいは環境問題全般へ適応力とレジリエンス（耐性）を創出する農業倫理の実践結果を示しているものであり、今後の小規模家族農業、アグロエコロジーに向けた日本からの提言となっています。

また２０１０年「よりよい共生が可能な社会を目指して」というシンポジウムで、ポスト資本主義社会を拓くための実践理論として「共生主義」の構築の呼びかけに対して、たかはた共生プロジェクトも実践結果を報告しました。

「共生主義」はもともと、哲学者のイヴァン・イリイチ（Ivan Illich）の言葉でした。イリイチが引いたフランス語の言語Convivialitéを用いた原典は、19世紀はじめのブリア・サヴァラン（Brillat-Savarin）の著書『味覚の生理学』（邦訳題名は『美食礼賛』）で用いられたConvivialという形容詞に発している。親しい人びとが食卓を囲み、味わい、香り、噛み応え、料理のテクスチュアとそれがもたらす食感と一体感、素材に宿る野生の力、生きた素材がもつ幸福感との融合など至福の時間を分かちあう情景を表しています。人間の自律性、共通の感情、他者と分かちあうことによる幸せ、その幸せを追求し、願う、個人が欲する価値の節度ある創造と人生に向きあう態度と関連した言葉で、まさしく生態系からもたらされた文化に生きる人間の幸福を示しています。震災後の失われた土地、農業、その技術、そして日々供給されていた生態系サービスや、それによって食べ物をつくりだしていく農家。小さな生き物から養われた家畜たち。過去の命もステークホルダーにいれて、ともに生きるという選択をあえてしていこうというのが、生態倫理的行動です。生態倫理は、世界で引きおこされる災害・危機を乗り越えたのちに、生かされる側の倫理として立ちあがる生存者の倫理です。押し寄せる社会変動の波にどのような生命共同体をつくるのか。星寛治が有機農業で培ってきた「滅びない土」が、その道しるべです。

倫理学の心理面から恥の倫理学を考える

ジュリアン・サヴァレスキュ

このプレゼンテーションでは、わたしがリーダーを務める資源スチュワードシップに関するプロジェクトで得られた最近の心理学上の調査結果を説明したうえで、このプロジェクトがもついくつかの哲学的意味についてお話しします。重要な作業をしてくれたナディーラ・フェイバー（Nadia Faber）、モリー・クロケット（Molly Crocket）、ガイ・カヘーン（Guy Kahane）、アンドレアス・カペス（Andreas Kappes）、ルシアス・カビオラ（Lucius Caviola）とジム・エバレット（Jim Everett）の各氏に感謝申しあげます。

まずわたしたちがおこなった、人びとの資源・資金利用に関する評判の重要性を考察したプロジェクトからはじめます。人間は社会的存在です。自分がどう見られているとか、自分の社会的地位を非常に気にします。人間の組織的行動は、多かれ少なかれ「他人から好意的な反応を得たい」という欲求を満たすことを目的としており、そうでないものはほとんどありません。

自分の評判を気にする心理は人間の主要な動機として認識されています。一部の人は、道徳規範はほとんどソーシャル・シグナリング（自分の他人とのつながりを示すこと）に関するものとさえ言っています。そして、日常世界での行動は評判を気にする心理によって推進されているのです。そこで、わたしたちはこの幅広い心の動きに関する三つのサブ・プロジェクトを展開しました。資源の消費・資金の使途と道徳的行動に対する評判の影響力を検証するというものです。

最初のプロジェクトは研究室の実験ですが、時間的制約があるので実験の大枠だけを簡単に説明します。基本的には、参加者が「独裁者ゲーム」と呼ばれるゲームをします。これは行動経済学のゲームのひとつで、参加者には利用可能な資金が与えられます。参加者は2種類のくじ――ひとつはパートナーに有利なもの、もうひとつは自分に有利なもの――からどちらかを選びます。つまり、これは参加者がどの程度利他的か、利己的かをテストするものです。そしてゲームの決められた何回戦かのうち1／3では参加者は自分のためにくじを引きます。自分がお金を儲けるか、損をすることになるのです。そして残りの2／3の回戦では、パートナーの代理でくじを引くので、相手に儲けさせるか、損をさせることになります。

選択は人前か内密かのどちらかでおこなわれます。またパートナーに有利なくじを選ぶのにはコストがかかります。少額の投資が必要となりますが、これはつねに参加者自身のお金で、パートナーのお金は利用できません。

ここでのわたしたちの調査質問は：参加者は利己的、あるいは向社会的に行動するか？　参加者は自分に有利なくじと同じ回数だけパートナーに有利なくじを選ぶか？　参加者は自分たちの分と比較してパートナーに有利なくじを引くのにどの程度の金額を投資するか？　またさらに重要なことは、こうした決定が人前でおこなわれるか、内密におこなわれるかでどの程度違ってくるか？　というものでした。

これでわかったことは、決定が人前でおこなわれた場合、参加者は自分に有利なくじと同じ回数だけパートナーに有利なくじを選びました。しかし決定が内密におこなわれた場合には、参加者がパートナーに有利なくじを選んだ回数は自分自身に有利なくじを選んだ回数より大幅に少ないものでした。つまり決定が人前でおこなわれた場合に参加者はパートナーに対してより利他的に行動するのをいとわなかったのです。

参加者は有利なくじを引くために平均でいくらぐらい支払ったと思いますか？　決定が人前でおこなわれたときに

は、参加者は自分自身への投資と同じ額——約1ポンド——をパートナーのために投資しました。決定が内密におこなわれたときには、参加者がパートナーのために投資した額は自身の分に比べ大幅に少ないものでした。このことから、「頼りになる人だ」という評判がかかっていたときには、参加者はパートナーを自身と平等にあつかいましたが、彼らの決定が評判に影響しないときには、参加者はより利己的な行動を取りました。つまり、この実験から、人びとは利己的な行動を取らないほうが正しいとの自覚はありますが、人の役に立とうという気持ちは、他人に及ぶ結果に対する心からの配慮よりも、自分の評判によって強く左右されることを示しています。

この研究が重要なのは、パートナーの役に立つためのコストが小額だったからです。この例は「コストを伴う人助け」でしたが、コストが小額だったため、他人を「気安く救助」したり、他人に「気安く恩恵」を与えた事例でした。わたしはこうした行動は最低限の道徳的行動だと思います。気安く他人を助けることはわたしたちの義務であると、わたしは考えています。自分に対する小さな負担で他人に大きな恩恵を与えられる（あるいは他人への大きな被害を防げる）ことです。この実験は、自分の行動が人目に触れるときのほうが、内密に済んでしまうときよりも、人間は利他的な行動を取りがちになる傾向を示しています。

ふたつめは、オランダの著名な社会心理学者ポール・バン・ラング（Paul van Lange）との共同プロジェクトで、何千もの人びとを対象としたオランダでの大規模な実地踏査でした。これはオランダ国内の異なる地区で各家庭を戸別訪問して寄付を頼んだ場合に人びとがどの程度の金額を寄付する意思があるかをまとめ、この情報と家計収入、宗教、年齢、性別および人口密度など他の項目との相互関連を調べたものでした。理論的には、人は裕福であるほど多く寄付をし、信心深いほど多く寄付をし、あるいは年を取るほど多く寄付をすると思われるでしょう。またわたしたちの仮説のひとつは、人口密度の低い地区では人びとがお互いを知っていて住人同士の交流も深いので、こうしたコミュニティでは人びとは評判をより気にするだろうというものでした。

つまり、この研究では人口密度を、評判を気にする心理を計る尺度として使ったわけです。案の定、寄付する意向と最も密接に相関したのは人口密度で、低ければ低いほど人びとの寄付は多額になり、所得や宗教心はまったく相関性を示しませんでした。

お互いの素性がわからない匿名性は人口密度の高い地区に見られるものですが、匿名性の高さは評判を気にする心理が一段と低くなることを意味しています。ここでも再び、人びとが評判を気にする心理がコミュニティ内でどの程度他人と親しいかという尺度で計られ、利他的な行動との相関性が見て取れました。

最後のプロジェクトでは、評判を気にする心理を別の方法で捉えました。これは評判を気にする心理がときには非常に危険なものになり、それが望ましくない行動につながる可能性を政策立案者が認識しておく必要性を示した例でした。

わたしたちは、本来は他人のために取っておくべき水を参加者がどのくらい節約する意向があるかを資源のジレンマによって調査し、また彼らの行動が他人にどう影響されるかも調査しました。全般的に、参加者は利己的に行動する意向を示しました。他人にどのくらいの水を残しておくべきかを考えず、水を節約するかわりに自身の好きなように使いました。しかし友人からはっきり「あなたのやっていることは正しいと思う」といわれ、その行動を是認された参加者は、さらに利己的になりました。友人が是認とまではいかず、たとえば「あなたのやっていることは正しいとは思わないけど、理解はできる」と一定の理解を示された参加者も、さらに利己的になりました。自身の行動に対する他人のちょっとした了承が、さらに利己的な行動につながったのです。

このように、評判がはっきりしない状態になると、評判への良い影響があるとか、あるいは影響が全然ないとかの確認が、さらに利己的な行動につながるのです。このことからわたしたちはどういう結論を得られるでしょうか？政策立案者は多くの場合、お金そのものや金銭への動機が人びとを利他的な行動に向かわせる力を過大評価しています。政策立案者は、評判を気にする心理のような無形で道具的な動機の力を過小評価しがちですが、実はこれが意欲を引きだす強力な要因で、それについてはこの講演の後半でさらに詳しく説明します。そしてこうした動機は、より向社会的行動を促す方法として利用できるのです。

わたしたちの研究で取りあげたもうひとつの主要分野はデフォルト（初期値）効果の調査でした。これはよく知られた心理学上のヒューリスティックで、人びとは提示された現状に引きずられるというものです。またここでも簡単に実験を説明しますと、今回は、被験者がある作業をおこなって小額の金銭的報酬を受けとり、この臨時収入を慈善事業に寄付するという「デフォルト」を与えられた場合のほうが、デフォルトが逆の場合、つまり収入を寄付ではなく保有するという場合より、はるかに多額の寄付をしました。したがって、人びとに慈善事業へ寄付するようにちょっと勧めるだけでも、その行動に大きな影響を及ぼすのです。これはまた臓器提供のような利他的行為を促す文献で広く取りあげられているメカニズムですが、慈善事業の分野でも利用が可能です。

わたしたちがおこなっている三つ目の心理学の研究は、ガイ・カヘーン、モリー・クロケットやアンドレアス・カペスの各氏と共同で進めており、ふたつの異なる要因を調査しています。わたしたちの決定の多くは結果がどうなるかはっきりわかりませんが、それと同時に、多くの場合には他人にどの程度影響を与えるかもわかりません。わたしたちは「影響の不確実性」と「結果の不確実性」とも言えるふたつの事項を区別して取りあげます。

自分たちの行為の影響がはっきりわからない（影響の不確実性）ときに、人びとはこの不確実性を、利己的に行動するのに利用しがちなことはよく知られています。この研究では、行為が他人の幸福に与える影響に関する不確実性を利他的か利己的な行動への影響力として捉えました。事実として、自分の行為が他人にどの程度の被害を及ぼすかはっきりわからない場合、人びとは利他的な行動を減らしがちなことが証明されました。そしてこれも若干複雑な研究ですが、わたしたちは、ゲームにおいてパートナーに及ぶ結果の不確実性、およびパートナーの基本所得のレベルと、それに伴いお金を損するか、儲けるかでパートナーがどの程度の影響を受けるのかの両方を操作したところ、実際に人びとは、特定の結果がパートナーにどの程度の被害を及ぼすかがはっきりわからないときにはより利他的に行動することが、非常にはっきりと証明されました。しかし、結果そのものがはっきりわからなかった場合には、以前の研究でも証明されたように、人びとは利己的に行動しがちでした。

したがって、これも行動に影響を与える社会政策を立案できる別の可能性です――そうした行動に影響された人間に悪い結果が及ぶおそれがある点を示すのです。ここでこのような種類の研究の利用方法にも触れたいのですが、その前に、デール（Dale）が講演で提起していた、恥と道徳的に誤った行為をおこなうことについての現象についてお話ししたいと思います。

シェイミング（つるしあげ）はインターネットを通じて大衆文化の一部になりました。ジョン・ロンソン（Jon Ronson）のシェイミングに関する最近の著書で紹介されていた、リンジー・ストーンの例をお話しします。リンジーは誰に聞いても非常に有能なケア・ワーカーでしたが、暇なときに禁煙のサインの前でたばこを吸うふりをしたり、徘徊禁止のサインの前で徘徊するふりをしたりして遊んでいました。彼女はこうした行動の写真を取って冗談のつもりでフェースブックに載せていました。しかし軍人墓地で取られた写真の1枚がインターネットで拡散されたため、リンジーは解雇され、度重なる殺害の脅迫を受けました。これはシェイミングが人びとの生活に及ぼす影響の一例です。

ジョン・ロンソンの著書から、インターネットを通じたシェイミングの影響が増えている状況を示す例をもうひとつ紹介します。ある大きな技術会議でふたりの出席者が内密に冗談を言いあっていました。わたしは技術オタクではないのでよくわかりませんが、あきらかに性的な意味合いがあるもので、別の会議出席者がこの冗談を立ち聞きし、ツイッターで流し、さらに会議の主催者にも伝えました。それでこの冗談を言いあっていたふたりは解雇されました。

しかし彼らはその後ネットで、自分たちが解雇されたこと、扶養する子どもがいること、それは冗談だったことを訴えました。実際、彼らの訴えに対するネットの大反響により、これを主催者に伝えた女性自身が解雇される羽目になりました。実際のところ、今では米国の裁判官によりシェイミングが刑罰の代わりに利用されています。一部の裁判官はこうした刑罰を、違反者の更正を達成し、刑務所の過密状態を解消する目的で利用しています。

英国では、ザ・ガーディアンが右派の英国国民党の党員名を発表しました。この政党は法で認められたものですが、人種差別的と見られています。その党員のひとりが英国国立バレー団の主役バレリーナで、２００７年に同党の党員として名前を挙げられたことで論争がおこり、最終的に彼女はその年の後半、引退に追いこまれました。

より最近では、同性愛活動家、ピーター・タッチェル（Peter Tatchell）がアングリカン教会の司教たちを、彼ら自身がゲイなのにゲイの権利を擁護する声を上げなければ追放すると威嚇しました。どうやら隠れたゲイの司教が20人はいるようです。

このテクニックは、人びとの慈善事業への寄付を増やすために、先に述べた評判への影響を利用する方法に沿って使われています。報道によれば、ボブ・ゲルドフ（Bob Geldof）が自分の慈善コンサートへの寄付を拒んだため人前で歌手のアデルに恥をかかせた際、シェイミングを利用しようとしました。そして、わたしたちのものと類似した研究でも、高いデフォルト寄付金を決め、以前の支援者がロンドン・マラソンに参加している友人のために寄付した額を公表することで、人びとは恥じいって、より高額の寄付をおこなうことが証明されました。

サンフランシスコではマーク・ベニオフ（Marc Benioff）が仲間のハイテク創業者に、貧困対策に関してもっと寛大になるよう呼びかけ、ここでも、寄付を怠るようなら人前で恥をかかせると威嚇していました。それでは、評判を気にする心理のような、こうしたヒューリスティックやバイアスを、特定の結果を得るために利用することについて、わたしたちはどう考えるべきなのでしょうか？

この研究の意味の多くは、論争を招くようなものではありません。したがって、自身のバイアスを確認したり、バイアスをバランスさせたり、またこうした努力で自身の行動をさらに制御しようとするのも、わたしの考えでは、相対的に論争を招くものではありません。今、わたしが注力したいのは、他の人たちにさらなる道徳的な行動を促すためのヒューリスティックとバイアスの利用です。

これはすでに学界の文献で操作的だと批判されています。しかし、今日お話ししたいと思っているのはこの問題ではありません。評判を気にする心理に関するわたしたちの研究を、慈善事業でさらに大きな寄付を集めるなど、さらに利他的な行動を促すために活用できないかという点に注力したいのです。ウォーレン・バフェット（Warren Buffett）が述べたように、評判というのは築きあげるのには20年かかり、落とすには5分もかからないのです。これを考えれば、あなた方の行動も変わってくるでしょう。

では、評判を気にする心理をどのように利用できるのでしょう？ まず、利用しようと思えば慈善事業への寄付を促すのに利用できるでしょう。炭素の排出削減にも利用できるでしょう。臓器提供率を上げるのにも利用できるでしょう。性倫理の分野では性行為に対するわたしたちの考えかたを変えるのに利用されてきましたし、ワクチン接種を促すのにも利用できるでしょう。そこで倫理上の問題は、こうした分野でシェイミングや評判を気にする心理を利用してよいのかどうか、ということです。

道徳的不一致は多くの事柄について存在します。たとえば、わたしの研究分野では、わたしは「生殖の善行」の原則を提唱しており、それで有名であるか、あるいは悪評を得ているかもしれませんが、機会費用の範囲内で最も優れた子どもをもつ道義的義務があるという原則です。そしてこれは、健全な子どもがもてるのに障害のある子どもを産むのは誤りではないかという考えかたを示すものです。

また実際、この件に関してわたしが受けた批判のひとつは、もし誤りだと主張し、ミル（Mill）の論拠を支持するなら、非難とある種の制裁――たとえ社会的制裁でも――があってしかるべきだろうというものです。以前、ひとりの女性が、自分のダウン症の子どもを公園に連れていったときに近くの人が「どうしてあの子を産んだのですか、あんな子を産まないでも済んだでしょうに」といわれたときに感じた怒りを、わたしに話してくれました。そしてこれは、自分たちの判断で誤りと思われる行為がおこなわれた後におこる社会的非難の一例ですが、そうした社会的非難はまったく場違いです。

そこでわたしが聞きたいのは、道徳的誤りにどのレベルの反応を示すべきというかということです。肉食、銃規制、大型車の運転、飛行機旅行、飲酒や喫煙に関しては多くの議論があります。そして、標準的な見かたから行動が誤りだと思ったら、わたしたちはそうした行動を取る個人を非難すべきです。しかし、わたしたちの反応には段階をつけるべきで、不道徳な行動にどう反応するかについては倫理的選択をおこなうべきです。一方では、わたしたちは何もしない場合もあるでしょう。たとえば、障害児を生む選択をする、あるいは産むのを避ける方法を利用しない人の事例に関しては、わたしの考えでは、多くの理由で社会的非難をおこなうのはまったく誤っています。

しかしたとえば、自分がゲイなのに同性愛の品格を落とすような人の範囲まで行くと、極端な場合にはそうした人びとの自由を制限することも含め、ある種の社会的反応は正当化されます。ではわたしたちはどう反応し、公然のシェイミングや評判の失墜をどう利用するべきでしょう？　わたしの考えでは、いま現に利用されている程度のものであっても、これらの制裁は準備するだけに止め、利用するべきではないでしょう。その理由は、人間がもつ部族的な性質です。「仲間うち」の集団を形成する能力は、その外側の集団を傷つける能力でもあり、結果としておこる被害をほとんど制御できないのです。１６９２年のセーレムの魔女裁判を思いだしてください。これは子どもが発作をおこしたのが原因で何人かの女性が魔女だと非難されたのに端を発し、最終的には20人の処刑という結果になりましたが、まさに人間という動物がもつ部族的自然の生々しい実例です。

人前でのシェイミングは、これまでの例で見てきたとおり、失職、社会的ネットワークの喪失など、重大な結果を招きます。多くの場合、シェイミングは道徳規範の狭い解釈に基づいて利用され、何が善で何が悪かについて特定の道徳観をしばしば制度化してしまうので、道徳的進歩を抑圧してしまいます。

したがって、わたしの考えでは、わたしたちは広い道徳観の持ち主になるべきです。わたしたちは、自分と意見があわない道徳的コミュニティの人も、わたしたちが誤っていると思う考えかたをもつ人さえも受けいれるべきです。自分を正当化するのには大いに議論すべきです。また証拠も利用するべきですが、社会的排除はいけません。わたしたちは寛大になり、異なる道徳観をもつ人びとも受けいれるべきです。

社会的排除の風潮の強まりがおこす問題は、今までのホモセクシャル、性転換者や漁色家のあつかいを通じて見てとれます。たとえば、オスカー・ワイルドは2年間牢獄に送られました。裁判官は判決を言い渡す際に、自分が今まで判決を出した最悪の事件だと述べました。この裁判官は、「現在の状況下でわたしは法で認められる最も厳しい判決を言い渡すよう求められるだろう。自分の判断では、それはこのような事件にはまったく不適切なものだ。しかし裁判所の判決は、あなた方がそれぞれ投獄され、２年間の強制労働に従事せよというものだ」と述べました。ワイルドは釈放された後3年間しか生きず、45歳で死去しました。彼の罪状はホモセクシャルだったことでした。

だからわたしは道徳規範の過酷さに不安を感じているのです。もっと明確に公と私を区別し、さらに道徳規範の求めとこうした私利が冒される不安の間に鮮明な線を引くべきだと、わたしは考えているのです。

バーナード・ウイリアム（Bernard Williams）が功利主義に激しく反論したときに述べたように、わたしたち自身のプロジェクトと添付文書に重要性があるのです。他人の目があると人はより寛大に行動するし、3点の集まりが見えたときも同じ効果がありますが、点を逆さにした場合は同じ効果はありません。そしてこれは、目の存在が誰かに見られている感覚をつくりだすことを例示しています。たぶんこれはわたしが応用倫理学を研究しているためかもしれませんが、わたしたちの行為の多くはますます道徳的行為と見られるようになっています。

これは良いことでもあり、悪いことでもあります。たとえば目の存在がわたしたちに無人の募金箱への寄付を促す場合のように、わたしたちにかかるコストが最低限で、かつ恩恵が明らかであるときは、良いことになります。しかし、わたしたちの生活の主要な部分が倫理面で注視の的になるときには、非常に侵略的になります。

どういうときに評判を気にする心理を利用すべきなのでしょう？　誰かが公的な立場で行動しているとき、誰かが他人を直接的に、違法であるか著しく不道徳な方法で傷つけたとき、集団が社会的排除という手段に訴えたとき、誰かの評判が実際にふさわしいものではないとき、あるいは情報を公の場に出したときなどが考えられますが、多くの場合、わたしは法律、道徳基準、あるいは政策を通じて、道義的義務の分野をつくりあげるべきだと考えます。たとえば、臓器提供者を増加させる場合、わたしは、先に臓器提供に同意していた人をあくまで優先としたうえで、オプトアウト制（拒否を明示しない限り同意したとみなす）を導入し、家族による拒否は廃止すべきだと考えます。しかし、臓器提供者リストへの登録に同意しなかった人を公的シェイミングの対象とするのは、これまで述べてきた理由から、評判を気にする心理の適切な利用法だとは思いません。

では、どうしたら評判を気にする心理を倫理的に利用できるのでしょう？ それは、妥当でそれだけの価値があるか、正しい結果に基づくべきです。しかし一般的には、初期値としての同意とわずかな手間でオプトアウトできる選択肢を用意して、人びとの私的領域での評判にアピールするのが好ましい方法でしょう。

そして、ムチよりもにんじんを利用するのが良いでしょう。最後に、チャールズ皇太子にＯＢＥ（大英勲章第4位）を授与されたバーナデット・クリアリー（Bernadette Cleary）という人の例です。彼女は「わたしがレインボー・トラストをはじめたときには、重病の子どもを抱えた家族を支援する公益事業はほとんどありませんでした。わたしの考えは、実際的にこうした家族に支援の手をさしのべ、耐えられないような状況になったら顔をうずめて泣けるような肩を貸してあげるということだけでした。この事業をはじめてから、約1万2500の家族が支援を受けてきました。こうした家族が苦しんでいるときに慈善事業で支援できたのだと思えるのは、非常に喜ばしいことです」と述べました。これが、誰かが称賛され、その行動が他の人びとに刺激を与えた例です。

わたしの考えでは、評判を気にする心理は一般に、肯定的な方法で利用されるべきで、否定的に使われるべきではありません。だから、わたしたちの道徳的エンハンスメント・プロジェクトに対するひとつの批判は、何が道徳的エンハンスメントの目標となるべきかという点でした。しかしもうひとつの重要な問題は、わたしたちがどの程度道徳的になるべきかであり、また道徳規範はわたしたちの生活においてどういう位置を占めるべきかという点なのです。そして今日、わたしたちは、わたしが道徳規範の過酷さと表現した事象を生む危険を冒しています。だからわたしは、評判について我々がおこなってきた研究が極めて重要だと信じている一方で、その利用は賢明に、かつ慎重におこなうべきだと考えています。

惑星哲学・惑星倫理の構築

人間活動と地球のダイナミズムとの間の複雑な相互関係から生じる恵みと脅威への対応

桑子敏雄

惑星哲学・惑星倫理の構築

倫理は行為の選択を制約する規範ですから、倫理を実効あるものとするためには、行為の規範を具体的な行為選択と意思決定の場において機能させなければなりません。行為を倫理的に選択するとはどのようなことかを説明したいときには、規範のもつ理念、理念が組みこまれた社会的制度、そして、意思決定する個人に内面化された規範という三つの要素の関係を認識し、この認識をふまえた行為の選択の理論を提示する必要があります。ただし、理念のなかに表現される倫理的価値の実現を願望の対象にするときでも、その願望がつねに実現されるわけではありません。規範に沿うという願望が個々の意思決定の推進力になるとき、倫理は行為選択の基盤になります。同時に、わたしたちは、どのように制度的要因が理念の実現を制限するかを示さなければならないでしょう。また、わたしたちは、理念と制度のもとでどのように行為を選択するのかという、行為の構造を問わなければならないのです。

本章は、このような視点に立って、「倫理トライアングル」を示したいと思います。すなわち、理念としての規範、制度、そして状況の認識の三者から構成されるトライアングルです。さらに、このトライアングルに基づいて、地球の上に存在し、地球上の空間で行為を選択する人間の行為の規範を「惑星倫理」と名づけます。さらに、この倫理における行為規範のトライアングル構造とそこでおこなわれる意思決定について論じたいと思います。惑星倫理は、人間存在を惑星的存在として捉える惑星哲学の一部として位置づけられます。

いわゆる環境倫理も、理念のみ、あるいは、理念を語る哲学・思想のみにとどまっていては、行為の推進力になることはできません。

わたしは、地球環境の危機を考えるひとつの方向として、自然の恵みと脅威の両面を考察したいと思います。さらに、わたしは、人間が自然に対しておこなう行為についても、恵みと脅威の両面から考察を加えます。

自然の働きは、それ自体にとっては、人間にとっての恵みでも脅威でもありません。雨は飲み水になり、畑を潤し、川のなかに魚を育てます。自然は恵みを人間に与えます。大雨が降ると川や湖から水があふれて洪水となりますが、あふれた水が人間の生活に害を与えなければ、洪水は水害をもたらさず、脅威でもありません。

わたしの考えでは、いわゆる環境問題がおきるのは、人間が自然のもたらす恵みを過剰利用するときです。わたしたちが鉱物資源や水産資源を無秩序に利用するならば、資源の枯渇をもたらすだけでなく、温室効果ガスを含む大量の廃棄物を地球空間へ蓄積してゆくことになります。過剰な利用と過剰な廃棄は、地球の上のすべての生物たちの脅威となります。わたしたち人類は、地球上の生物たちを第六次の生命大絶滅の危機に向かわせているといわれています。

地球資源の過剰な享受と不公正な分配は、個人、組織、そして国家や民族の紛争の原因になります。戦争はさらに地球を荒廃させる大きな原因です。戦争は最大の環境問題ということができるでしょう。

温室効果ガス排出による大気や海洋の温度上昇は、大気中の水蒸気量の増大とともに豪雨や豪雪などの大規模気象現象を引きおこします。プレートテクトニクスによる地震・津波の原因は、地球内部の力学です。人間がつくった原子力発電所の破壊は放射能汚染を引きおこしました。わたしたちは、津波防止のために、大量のコンクリートを使って防潮堤を建設して、多くの二酸化炭素を放出しています。人間の活動と地球の営みは、複雑で相互的な因果関係のもとにあることを認識しなければなりません。

わたしたちは、自然が人間にもたらす恵みを適切に享受し、脅威に対して適切に応答する能力をもたなければならないのです。

わたしたちが環境にかかわる倫理的行為を考察するとき、第一に、脱温暖化、生物多様性保全、資源分配の正義など、環境倫理を構成する価値理念を考察すべきでしょう。第二に、これらの理念を実現するために国際的、国内的に制度化されたさまざまな制約、すなわち各国の法制度、行政システム、伝統的な慣習なども考慮すべきです。第三に、意思決定する人びとの内面化された規範、および教育等によって内面化されるべき規範について考察しなければなりません。

惑星倫理を建設するための手がかりは、日本がおかれている地理的、地質的、地政的条件を理解することがヒントになります。日本列島は、島嶼地域としての配置をもっています。太平洋の北西部に位置する日本列島は、大陸や海洋の不均一な分布と地球内部のプレートの運動構造によって、その空間的特性が条件づけられています。この特別な条件が、多種多様な自然の営みを、そして、災害を生みだしてきました。

四枚のプレートは、日本列島の形成に大きく貢献してきました。プレートの運動は、太陽系の惑星として形成されたもので、地球の内部運動であり、地震、津波、火山活動の原因となっています。他方、季節的な大雨や大雪、台風などは、日本列島を襲います。これらは、太陽による熱と大気の流動の関係でおきる気象現象です。これに温暖化が複雑に関係しています。地球内部の運動は、人間活動とは独立ですが、地上に生きる人間の活動に大きな影響を与えます。他方、気象運動は、人間もその一因となってきました。これらの現象に対する人間の選択は、環境に対する倫理の重大な課題となっています。要するに、太陽系惑星としての地球こそが、わたしたちの行為の根幹を制約しているのです。このことから、わたしは、わたしの哲学を「惑星哲学」と呼びます。さらに、惑星の上の行為選択の倫理を「惑星倫理」と呼びたいと思います。

日本は、自然の恩恵を享受しており、他方、危機に備える文化的伝統をもっています。わたしたちは、その暗黙知的な日本の伝統的な思想を理解することが重要で、倫理的規範は、恩恵と脅威の両方に対する倫理的な行為規範であると理解すべきです。自然の営みに対する倫理的思想は、環境倫理の根本的な要素ですが、これは、人びとの行為を条件づけるからです。

社会的合意形成のプロジェクトマネジメント

高度経済成長期の20世紀後半、日本人は、豊かであった日本の自然の恩恵を受けてきました。おそらく、過剰に。というのは、この50年間に、日本の自然が劇的に劣化していったからです。わたしは、日本の自然環境が人間の行為によって崩壊してゆく現実に直面し、当惑しました。それゆえに、わたしは、自然に対する人間の認識と行為の意味を解明するために、西洋哲学、中国哲学と日本哲学を研究することにしました。ただし、わたしの願望は、その先にありました。みずからの哲学を基礎に、環境を再生するための技術の開発、またそれを実践する活動です。

手はじめは、西洋的な人間観・自然観と中国、日本の人間観・自然観を対比することでした。その成果として見いだしたのは、人間と環境世界の理論的、実践的関係を捉える概念としての「身体の配置」と「空間の履歴」の概念です。また、わたしは、「風景」を「身体的自己に出現する空間の相貌」として捉えました。さらに、これらを総合するための実践的方法としての「空間の価値構造認識」(「ふるさと見分け」)を考案し、これらの概念・方法についての論考を著書として出版しました。

『環境の哲学――日本の思想を現代に活かす――』(1999年、講談社)の出版を契機に、自然再生・環境再生には、「社会的合意形成」の実践的・理論的研究が不可欠との認識に至りました。行政(国土交通省、農林水産省、環境省や地方自治体)やNPO、市民活動と連携しながら、自分の哲学的考えに基づき、市民参加によるさまざまな実践の現場に立つ道を選択することになりました。

国や都道府県、市町村などから、日本各地でおきている対立・紛争の場に解決のための当事者として招かれたことによって、具体的には、社会基盤整備、すなわち、ダム建設、河川や海岸の再生・保全、道路整備やまちづくり、農業基盤整備、森林保全管理計画策定、多種多様な地域活性化のための地域づくりなどに携わり、行政と市民の間に立つプロジェクト・コーディネーター、プロジェクト・アドバイザー、ファシリテーターなどを務めることによって、「社会的合意形成のプロジェクトマネジメント」哲学とその方法論の構築をおこなうことができました。現在、わたしは、社会技術としての「社会的合意形成のプロジェクトマネジメント」の社会実装・社会実践を推進しています。また、この社会技術を体系化した『社会的合意形成のプロジェクトマネジメント』を、2016年にコロナ社から出版しました。さらに、「コンセンサス・コーディネーター」の概念を創出し、2014年に「一般社団法人コンセンサス・コーディネーターズ」を設立しました。研究成果を法人化して社会還元を進めることの目的は、社会のなかで発生するさまざまな対立・紛争を解決するプロフェッショナルを育成すること、そして、この仕事が立派なビジネスとして成立することを示すことです。

さて、新潟県佐渡島での「トキの島再生プロジェクト」および「天王川・加茂湖再生プロジェクト」と亜熱帯森の持続的管理を実現するための「沖縄県国頭村森林ゾーニング計画策定事業」、さらには、「国頭村景観計画策定事業」に従事できたことは、自然環境の再生の理論的実践を遂行するという人生の目的の実現の一部となりました。

では、「合意形成」とは何でしょうか。それは文字どおり、「合意を形成すること」です。言い換えれば、合意形成は、「合意が成りたっていない状態」から「合意が成りたった状態」へ至るプロセスを導くことです。

いわゆる合意形成には、特定の人びとの間での合意形成、すなわち、いわば閉じた合意形成と、不特定多数の関係者のかかわる合意形成、いわば開かれた合意形成とがあります。

社会的合意形成とは、話しあいのプロセスが社会に開かれている合意形成で、不特定多数の人びとの間で合意を形成することです。さらに、人びとの話しあいによって、社会の直面する問題を解決するためのプロセスということもできます。要するに、社会的合意形成は、対立している人びとの意見を、開かれた話しあいを通して合意へと導くプロセスです。

合意形成の手続きは、同じ仕事を繰り返す定常的な業務とは対照的で、スタートからゴールを目指すプロセス、ユニークな目標を達成するためのプロセスとなります。したがって、それは、プロジェクトの性格をもちます。

プロジェクトを円滑にすすめるための作業は、プロジェクトマネジメントといわれます。したがって、社会的合意形成を進めることとは、合意のないスタート地点からはじめて、合意というゴール地点へと至るプロセスをプロジェクトとしてマネジメントすることとです。そこでこの方法を「社会的合意形成のプロジェクトマネジメント」と呼びます。

社会的合意形成が重要視される理由は、つぎのような背景をもつからです。20世紀後半におこなわれた多くの公共事業は、関係地域の環境と人びとの生活に大きな影響を与えました。たとえば、高速道路をはじめとする道路整備、ダム建設や河川改修工事、海岸や湖沼の干拓、海岸の護岸整備などです。地域の人びとは、事業の影響を直接受けることもあり、また、環境保護団体の人びとは、行政機関がおこなう事業に厳しい批判をおこないました。

社会基盤整備は、いくつかのケースにおいては、地域に深い亀裂をもたらすこともありました。事業に対する賛成派・推進派と慎重派・反対派が深い溝を隔てて対立するとき、その対立と紛争は、地域社会を崩壊させることもありました。そうした状況では、人びとは、不信感のなかで、また、感情的な対立のなかで、人生を送ることになりました。このような不幸は、個人の不幸とは異なります。地域空間全体が不幸の感情に包まれたからです。人びとは、空間全体の不幸な感情のなかで、人生を送らざるをえなくなったからです。

マスコミがすでに決定されている計画を突然市民に知らせると、市民は、「寝耳に水」と驚愕することになり、市民は、反対運動へと向かうことになります。市民は、不明瞭な情報の受信によって、事業の進めかたを「藪の中」・「蚊帳の外」として批判しました。あるいは、不注意な推進手続は、「ボタンのかけ違い」を引きおこすことになります。

わたしは、合意形成のプロジェクト・チームのメンバーとして、多様な事業に従事した経験をもっています。ダム建設や河川改修、海岸侵食対策、道路整備、まちづくり、農業・観光振興、景観整備、森林管理の計画策定などで、それらの事業の主体は、国家政府、県政府、地方政府だけではなく、市民主体の事業・活動も含みます。これらのプロジェクトの関係者は、さまざまな意見をもっていて、対立・紛争のなかにあったか、対立・紛争に落ちこむリスクをもっていました。

わたしは、こうした貴重な経験をもつことを通して、社会的合意形成の技術の習得と理論化をおこないました。理論化の成果は、合意形成論とプロジェクトマネジメント論との統合と性格づけることができます。

日本神話の教訓

わたしは日本の各地で合意形成の作業に携わりましたが、どの事業に従事するときにも、その地域の空間の履歴を発見しようと努力しました。この履歴には、日本古代の神話世界も含まれます。その神話は、日本という太平洋の周縁に位置する地球的・惑星的配置をもっていました。

地域に伝承された空間の履歴は、『古事記』と『日本書紀』とも関係しています。この二書は、七世紀に編纂された日本最古の書物であり、日本神話は、そのなかに、主として三つの地域の神話、すなわち「高天原・高千穂神話」「日向神話」「出雲神話」から構成されています。

「高天原・高千穂神話」は、九州の脊梁山脈を舞台とする神話、「日向神話」は、九州の太平洋沿岸の神話です。他方、「出雲神話」は、本州の日本海側に位置する島根県を舞台とする神話です。これらの神話が一冊の本に編集され、ひとつの神話的世界が構築されたのですが、わたしは、ここに日本の国土の統一の物語を見ます。すなわち、神話的構成によって、これらの三つの地域の神話が統合されたと考えるのです。わたしが注目するのは、この三つの神話には、日本の地球的・惑星的配置に込められた倫理的思想が組みこまれていると考えるからです。

宮崎県高千穂町は、高千穂神話の舞台となっています。高千穂の町中を流れる神代川の再生事業は、宮崎県によって進められています。この川は、1960年代以降、治水のために河道が直線化され、河床は掘り下げられました。護岸はコンクリートで三面張りになったために、生態系は劣化し、蛍や魚類は姿をほとんど消してしまいました。たしかに、洪水防止機能は強化されたのですが、日本神話に記述されている大切な泉が枯れてしまいました。アマテラスの孫のニニギが地上に降臨したとき、水がなかったので、天から水の種を植えて、水を湧きださせたそうです。それが水の種を植えた。それが天真名井だというのです。

神代川再生は、生態系と景観を取り戻し、泉を再生させようという事業です。非常に困難な仕事といわれるのは、その河床が阿蘇の火砕流によってできた溶結凝灰岩の薄い板の岩の層でできていたからです。高千穂は、阿蘇山の外輪山の外側に位置します。その火砕流がつくった河床だったのですが、洪水対策に流量確保ということで、河床を掘り下げ、層状の河床を破壊したために、地下水が低下し、泉が枯れてしまったのです。

高天原神話のエピソードでは、アマテラスが弟スサノオの乱暴によって洞窟に隠れてしまったと語っています。太陽女神のアマテラスが隠れることによって地上にはあらゆる悪いことがおきたというのです。この重大な事態に対して、八百万の神々が川辺の広場に集まりました。話しあいを通して解決策を見いだすためです。

太陽光の遮蔽が意味するものは、一説によると、古代の歌謡である神楽が冬季に演じられるという理由で、冬至の現象とされます。あるいは、古代人は日食を恐れたとも言われます。しかし、冬至も日食も、神話に示されているような、あらゆる凶事が出現するというわけにはいかないでしょう。もっとも合理的な説明は、火山噴火です。噴火による大量の火山灰は、大気を覆います。太陽光を遮り、気温の下降を引きおこします。火山の噴火が人類にもたらす影響は多大なものがあります。

先にも述べましたが、高千穂町は、阿蘇山の外輪山の外側に位置し、その噴火の火砕流によって形成された土地です。阿蘇の噴火は、巨大カルデラ噴火といわれ、その規模は想像を超える巨大なものでした。九州には、阿蘇カルデラの南に、姶良《あいら》カルデラと鬼界カルデラがあります。鬼界カルデラは、7200年前に大噴火をおこしました。霧島山の南の山麓には、縄文時代人が高度な文化を営んでいましたが、彼らの生活の跡、上野原遺跡には、火山噴火が縄文人の生活基盤を襲ったことが発掘によって示されています。わたしたちは、生き残った人びとの伝承が神話として表現されたことを想像することができます。

もしこの解釈が正しいとすれば、そして、火山の噴火が地球内部の出来事であるとすれば、わたしたちの生活は、地球内部の出来事を所与として営まれているということ、そしてこのことを古代神話が語っているということがわかります。

高千穂町と同じ宮崎県に属する宮崎市の宮崎海岸では、国土交通省による海岸侵食対策事業が進められています。わたしは、この事業のプロジェクト・アドバイザーとして10年間従事してきました。ここは、ニニギの子のウミサチとヤマサチの兄弟が海岸部の水田をめぐって争ったといわれる地域です。その争いに勝利するヤマサチの力は、海神から贈られたものです。ヤマサチは、海神の娘、トヨタマを娶ります。父親のワタツミは、ヤマサチに潮の満ち干をコントロールできるふたつの玉を贈りました。この玉を使って、ヤマサチは、ウミサチに勝利するのです。ウミサチの玉によって引きおこされるウミサチへの攻撃は、土地への海水の流入と考えることができます。それは高潮や津波による海水の浸入です。すなわち、潮満玉と潮干玉は、高潮や津波といった海洋現象に対応できる知恵を意味しています。

さらに、わたしは、島根県の出雲地方を流れる斐伊川流域で多くのことを学びました。国土交通省が斐伊川水系河川整備計画を策定する事業に携わったことがきっかけです。斐伊川流域では、地域の人びとの多様なインタレストが衝突していましたので、治水事業は37年間もストップしていました。わたしは、この事業にプロジェクト・アドバイザーおよびパブリック・ミーティングのファシリテーターとして従事したのですが、そこは、出雲神話の舞台でした。

高天原から追放されたスサノオは、中国山地の中央にある船通山に降り立ったという伝承があります。この山は、鳥髪の峰といわれました。この山を源流とする斐伊川のほとりで大蛇に生け贄にされようとしていたクシナダを救います。クシナダは、稲作を象徴する女神でした。スサノオは、大蛇と戦って勝ち、クシナダと結婚して、新しい国を建国しました。

スサノオが戦う相手は、大蛇の姿をした斐伊川という川です。その戦いは治水を象徴します。ただしオロチは雨水を左右するパワーをもっていますので、洪水も渇水もおこします。したがって、古代では、治水は、単に洪水対策だけではなく、渇水対策も含んでいました。スサノオが大蛇の尾から取りだした剣は「空に群雲をもたらす剣」と呼ばれます。それは、降雨をもたらす祭器でした。この剣は、旱魃と戦う武器の象徴でした。

さて、この三つの神話世界をもつ地域の公共事業にわたしは携わったのですが、わたしがこうした空間の体から得たものとして、三つの神話世界が示唆する自然と人間の関係があります。高天原——高千穂神話は火山噴火に関係していました。日向神話は海洋現象をあつかっています。出雲神話は、渇水と洪水の脅威による神々のトラブルとその解決です。これらの神話には、日本列島の惑星的配置が深く関係しています。地震と津波は、太平洋の北西部に位置する四枚のプレートの運動によって引きおこされます。その運動は、マグマを生みだし、火山地下のマグマ貯まりに蓄積され、噴火を引きおこします。噴火は、大気にも影響を与えて多くの自然災害のもととなります。江戸時代には、富士山の宝暦大噴火や浅間山の天明の大噴火があります。火山が影響する大気の運動は、渇水と洪水のとの原因となります。人間は、このような自然の営みによってさまざまな脅威に直面し、災害リスクを自覚します。この災害リスクの負担の配分が正義に反するとき、人間は、対立・紛争に陥るのです。とくに日本は、国土の構造が複雑です。山が多く、平野が少ない国土です。雨は過剰であるか過少であるかのどちらかで、極端です。神話は、こうしたリスクにどのように対応したらよいかということを示唆しています。それは自然の営みに人間がどう備えるべきかを語る倫理的神話と考えることができるのです。

空間の価値構造認識

日本の国土は神話的伝承によって特徴づけられています。人びとの記憶や文書に記録された地域空間の特色を認識するとき、この認識は、同時に、地域に暮らす人びとのインタレスト（関心・懸念）の確認にもなります。インタレストはときとして対立することがあります。国や地方政府がこうした地域空間を変えようとするときにも、人びとのインタレストとの衝突が生じることが多々あります。わたしは、公共事業の当事者として、地域空間の問題解決に従事しましたが、こうした対立・紛争を解決するための方法として考案したのが「地域空間の価値構造を捉えるための方法」です。日本各地で「空間の価値構造認識（ふるさと見分け）」と呼ぶ三極構造に基づいてインタレストの分析とコンフリクトの本質を明らかにする活動を展開するのに、この「空間の価値構造認識」が役立ちました。それは、

(1) 空間の構造の認識
(2) 空間の履歴の掘りおこし
(3) 人びとの関心と懸念の把握

の三要素からなっています。

地域社会の対立・紛争解決と創造的な地域活性化を目標とする活動が最適な選択をおこなおうとするならば、まず、

その地域がどのような空間構造をもっているかということを認識することが必要です。山から川、平野、そして海まで至る地域空間のもつ地理的、地質的な構造の把握です。

つぎの要素は、空間の履歴の掘りおこしです。ここで空間の履歴ということで、「履歴」の概念を用いるのは、履歴とは「過去から積み上げられ、現在に属し、未来の可能性を拓くもの」だからです。履歴書は、人の過去からの経歴を述べ、現在の所属や地位を示すもので、その目的は、人生の選択を可能にすることにあります。ちょうどそのように、地域空間もまた、過去から積み上げられて現在に蓄積された履歴が未来の可能性を示すのです。

こうした空間構造と履歴の把握と人びとの関心と懸念の分析から、人びとの生活空間での身体的配置における関心と懸念の把握が可能になります。

すなわち、「空間の価値構造認識」は、地域紛争のステークホルダー、インタレスト分析の基礎を与えるものです。日本列島は、地球の内部活動の活発さから、多様な地形と生態系を地球の歴史のなかで形成してきました。そこに生きる人びとは、それぞれの「身体的配置」のもとでそれぞれの関心と懸念を抱くに至っていると考えることができます。すなわち、地域に対するさまざまな意見をもつのは、その背後に、意見の理由としてのインタレストが存在するからで、そして、そのインタレストは、固有な由来をもっています。合意を形成するコーディネーター、すなわち、コンセンサス・コーディネーターは、それを認識しなければならないのです。

理由の由来（origin and history of a reason for an opinion）の把握の部分の基層に、わたしは、この地上で生を与えられた人間の生存根拠、すなわち、大地の上を両脚によって歩行運動する動物という人間の本質への理解があると考えます。それは、わたしたち人類にとって、「あるということ」の文字どおりの「根拠」（the ground of being）です。存在の根拠とは、根を張る場所としての地球です。地球は太陽系の一惑星です。惑星 planet とは、天動説時代にみかけの地球の軌道が不規則に変化するということから来た名称ですが、地動説になってからもこの呼称は続けて用いられてきました。地動説では地球は惑う星ではないのですが、人類の選択の結果、地球上の生物の危機をもたらしていて、その解決に人間は惑い、迷う存在です。その第二の意味で、地球はいまなお惑星であるというのがわたしの理解です。

地球は、それ自体としては、地球内部の運動をもって、わたしたちの歩行する大地を形成しています。しかし、それは安定した不動の根拠ではなく、ダイナミックに運動する大地です。この大地は、複雑な海洋底の運動とともに動いています。運動するプレートが相互に衝突することで地震と津波と火山活動を発生させます。それらは、人間活動の影響を受けない地球内部の運動によって発生する自然の営みですが、それらは、人間のコントロールを超えて、人びとの生活にインパクトを与えます。その可能性が自然の脅威です。脅威は、現実化して実際に人びとに影響を与え、人びとが被害を受けたと感じるとき、自然災害となります。

地球の上に生存するということは、人間の存在のために与えられた条件です。わたしは、それを所与と呼びます。すべての人間は、地球の上に生きることを所与として受けいれ、生きなければなりません。そこには、選択の余地はないのです。地球の上に生まれることをわたしたちは選択していません。

わたしたちは、自分の存在を理解しようとするとき、地球の上に生きることに遭遇したのでないということを理解します。遭遇するためには、まずわたしたちが存在し、地球という他の存在に遭遇したのでなければならないからです。しかし、わたしたちの生存は、地球の上に与えられたものだということなしには理解不可能です。すなわち、わたしたちが地球上に存在するということは、わたしたちの選択の対象でもなく、あるいは、遭遇したものでもありません。わたしたちの生は与えられたもの、すなわち「所与」なのです。

わたしの構想する「惑星哲学」と「惑星倫理」の根幹には、所与と遭遇と選択のトライアングルが存在します。このトライアングルによって、わたしは、わたしたちの惑星的存在としての人間の本質を理解します。

さて、高波は、津波と異なり、大気の運動によって生じます。水蒸気を含む大気は、熱的に運動しており、それは気圧の変化が生みだしています。低気圧は、激烈化すると、風雨の猛威として現象します。これらの気象現象は、地震、津波、火山噴火とは異なっています。なぜなら、これらの現象は「地球の内部活動」による自然のダイナミックスによるものですが、気象現象は「地球表層の活動」です。それは「地球大気の活動」で、地球の内部活動と異なっていて、人類の行為の選択によって大きな影響を受けます。地球温暖化は、地球表面に大きなインパクトを与えて、人類の生存そのものにも影響しています。

わたしたちが脅威と感じるのは、地球の内部活動と地球大気の活動の二種類ですが、人間は、前者に対しては、影響を与えることはありません。しかし、後者に対して温室効果ガスの排出行為という行為によって影響を与えています。後者が人間にとって災害の原因となるのであれば、その災害の原因の一部は、わたしたち自身の行為の選択ということになります。

このように、人間には、自然に対しておこなう行為と自然からのインパクトに対応する行為とがあります。したがって、自然災害から人間自身を守るという行為は、内部活動から生じる影響への対応と地球大気から生じる影響への対応という二種類があります。後者は、人類の行為とともにある現象ですから、人間の行為の選択は、人類と地球の将来の方向性を導くことになります。惑星倫理は、このような行為の選択を包括的に論じるための理論です。

大気の営みは、地球が太陽系の惑星として太陽からの熱を受けることによって成立します。人間は、その熱の受容体である大気に影響を与えているのです。その結果生じた激しい自然現象が人びとの生活に対する脅威となり、災害になります。

人間にとって、災害は所与でも、選択でもなく、遭遇です。どんな激烈な自然現象であっても、人が遭遇しなければ災害にはなりません。あるいは、遭遇するリスクの高い状況を選択しなければ災害にはならないのです。そこにわたしたち人間の選択と遭遇の問題が存在します。

「空間のトライアングル」は、その頂点のひとつに「人びとの関心と懸念」を含んでいます。地域空間を見るとき、わたしたちは人びとの関心と懸念を考慮すべきであると、わたしは考えています。その理由のひとつは、「選択のトライアングル」を考えているからです。

わたしたちは日々さまざまな選択をしますが、選択とは、「選択肢を選択する」ということです。たとえば別の場所へ移動するのに、どのような交通手段を選択するかを思案します。その場合、わたしたちは、選択肢を十分に認識していなければよい選択をすることはできません。わたしたちは、二つの選択肢しか知らずに、第三のもっと便利な選択肢があるのにこれを認識していなければ、その手段を選択することはないからです。わたしたちがよい選択をするためには、わたしたちが選択可能な選択肢をすべて認識し、そのなかで最善・最適な選択肢を選択するのでなければならないのです。

わたしたちが、災害対策を立てるとき、地震災害と火山災害とが別の現象であると認識していれば、別々の知識のもとで選択肢を認識することになります。プレートテクトニクスによれば、地震と津波と火山噴火は、プレート運動によって発生します。プレート運動がマグマをつくって火山活動を促進するからです。

プレートテクトニクスが科学的仮説として正しければ、地震と火山は連動していることになります。しかし日本では、地震学と火山学とは別個の学問で、地震学者と火山学者は別々に発言します。すると、このような学問の区分は、わたしたちの所与に対する認識の違いを生むことになるでしょう。その違いは、自然災害に対する選択肢を別々のものとすることになります。所与に対する異なった認識が異なった選択肢を与えるからです。

わたしたちの人生は所与と遭遇に基づく選択であり、さらにまたそうした所与・遭遇・選択によって生まれてくる新しい選択肢に対するつぎの選択となります。わたしたちは、連続的に選択しなければ生を維持することができないのです。所与は選択の対象とはなりませんが、しかし、それは、認識の対象にはなります。所与に対する認識のありかたによって、わたしたちの選択肢の認識は左右されるのです。わたしたちは、よい選択をおこなうためには、所与がどのような選択肢を用意しているかということに対する正しい認識をもたなければなりません。

選択と並んでもうひとつ必要なことは、「遭遇の認識」です。わたしたちの人生は、所与と選択によってだけ成りたっているのではありません。両者の間には、遭遇という広大な領域が広がっています。それは、与えられたものでもなく、選択できるものでもない、遭遇するもの、出会うものという領域です。わたしたちは、与えられた所与のもとで、さまざまな選択をおこなうことによって目的を達成しようとするが、そこでさまざまなモノや人と遭遇します。

自分にどのような選択肢が与えられているかを認識するためには、所与と遭遇を認識していなければなりません。「わたしたちに与えられている選択肢は何か」という問いに対し、たとえば、日本列島の地震と火山は別々の現象であるという認識に基づく選択肢と、地震と火山は連動しているという認識のもつ選択肢は異なったものとなります。

生存の基盤となる所与としての地球という惑星の営みに関する科学的認識は、わたしたちの所与についての知見を提供するわけですから、選択の基盤となります。しかし、その基盤についての認識は、現代の科学では十分に解明されているとはいえません。たとえば、地震や火山噴火の予知能力はまだ不十分であり、原子力施設についても、それらの激烈な自然現象に対してどのような対応能力があるかも未知です。福島第一原発の事故は、「安全だ」とする科学的言説が「神話」であったということを、科学技術者自身が証言したからです。

高レベル放射性廃棄物の最終的な地層処分についても、プレートが沈みこんでいる日本列島には、北欧のような安定した地殻構造が存在しないということはだれでも推測がつきます。が、科学技術者はそのなかでも安全な地域はどこかを探索しています。他方、地域住民は、その説得力に対し疑いの目を向けています。すなわち、原子力をめぐる対立・紛争は、地球の内部活動と人間による放射性廃棄物処分という行為の遭遇がどのような結果を生みだすかということについての関心・懸念から発生しているわけです。

これまで、わたしは、空間のトライアングルと選択のトライアングルからわたしたちが地球上でどのように行為するかという、行為選択の構造化を試みてきました。わたしたちは大地を所与として、多様な自然現象や人びとの活動と遭遇しながら、最適と判断する選択肢を選択しています。それは、よい人生を送るためにほかなりません。この意味で太陽系惑星のひとつとしての地球は、わたしたちの行為選択を制約する根本的な条件のひとつです。地震や津波、火山噴火、大雨・大雪、台風、あるいは、それによる高波は、人間の生の営みに対する脅威として働くのですが、地球内部の活動が引きおこす制約に対しては、これを上手に回避し、あるいはしなやかに受け止めることができるとすれば、それが賢明で思慮深い選択です。

これに対し、わたしたちの応答は、地球大気の活動をしなやかに受け止めるだけでは十分ではありません。なぜなら、気候変動は、人類の行為そのものの影響下にあるからです。すなわち、わたしたちの選択が気候変動にインパクトを与えるので、わたしたちの選択は、わたしたちがおこなう行為の帰趨に対する認識に基づく必要があります。わたしたちは、地球大気にどのような行為をしているのか。その大気による変動は、わたしたちの生存に対してどのような脅威となって現れるのかを知ることが必要なのですが、わたしたちの予知能力は不十分です。

わたしたちの行為を制限しているのは、自然の営みだけではありません。すでに見たように、人間の認識および社会的活動も選択の制限となるからです。学問研究では、火山学と地震学が連携しなければ、プレートの動きを基礎に火山と地震の活動を総合的に捉えることはできません。火山学と地震学が別々にそれぞれの領域を確保するだけであれば、知的活動は、自然の営みに対するわたしたちの認識を制約することになります。この制約は、さらに、認識から生みだされる選択肢を限定するでしょう。これは火山活動と地震という自然の営みの区分による制限ではありません。大学組織の学問分類や研究者組織は、いわば人間の社会的制約ですから、人間の選択を制限する条件を「制度的制約」と呼ぶことができます。

制度は、それによって実現されるべき理念を内包し、制度を制約する理念もまた、行為の制約条件となります。この制度制約の根拠となる理念は、わたしたちの行為が実現すべき価値の表現です。価値・理念は、わたしたちの行為選択の制約条件となっています。

行為を制限するのは、理念の具現としての制度です。この意味で、理念も制度もわたしたちの行為の制限条件です。わたしたちは、制度的制限のもとで行為を選択します。その行為は、何らかの理念を目標とします。

このように、わたしたちは、空間のトライアングル、選択のトライアングルとともに、価値理念のトライアングルに到達します。この三者の総合のもとに、わたしたちは、人間の行為選択の問題を考察することができます。

惑星倫理の構築

わたしたちは、高度な科学技術を手にいれました。それは、みずからの欲望に沿って自己に与えられた空間を改変するための行為の手段となっています。与えられた条件の認識のもとでの行為は、願望の達成を可能にします。わたしたちは、これらの手段を用いて、山を削り、海を埋め立て、川をせき止め、巨大構造物を建設することもできます。わたしたちは、ダムを建設し、ダムは土砂を止めて、土砂は海に流れなくなり、海は砂を失い、また、白砂青松を失ってしまいました。海岸はミネラルを失い、ミネラルを失った海は、豊かな生態系を失い、沿岸の生態系と水産資源は枯渇しています。わたしたちは、ダムの建設という行為を選択したのですが、わたしたちは、海岸侵食と沿岸生態系の劣化を望んだのではないし、それを選択したのでもありません。治水と水利用という目的の達成のために、わたしたちはダムを建設したのですが、その選択の結果が国土を荒廃させたのです。わたしたちは、何をわたしたちの行為が生みだすかに無知であったということです。科学技術はつねに進歩の途上にあります。つまり、つねに未熟なのです。

さらに、自然現象を自然災害にするのは、人間の選択です。現在の地球では人間の選択そのものが自然災害を引きおこしています。あるいは激烈化をもたらしたりしています。この大災害は、地球の歴史上、6回目の大絶滅を引きおこしています。わたしたちは、大量の温室効果ガスを排出していますが、それによって大気の温度は上昇し、すると、大気中の水蒸気量も増大します。大気の熱運動を通した相転移現象は、大規模で大量の風雨や大雪という気象現象を生みだします。これは、人類が選択したものではありませんが、人類の選択のひとつの結果です。他方、人類は、人類の行為が地球変動をもたらしているということを認識します。しかし、わたしたちはこの認識に到達するまでに、長い時間と科学的な活動を要しました。それだけでなく、温暖化対策のための国際的・国内的制度整備を選択することも多くの困難を抱えています。

わたしたち人類は、社会のなかにさまざまな制度的制約を構築してきました。わたしたちは、これらのもとで選択を遂行しています。国や国際機関の定めたたくさんの条約や法律、地方自治体の条例、組織内の規則、地域社会の慣例など、これらに沿って適切な選択をしなければ、わたしたちの選択は「常軌を逸する」ものとなってしまいます。

これらのルールやしくみは、それに沿って選択すれば、選択するわたしたちをサポートし、逸脱によって被る非難や刑罰からわたしたちを守ってくれます。しかし、その制度を構築するための価値・理念が行為の選択の帰趨を十分考慮したものでなければ、わたしたちは、選択を迷うことになります。

三つのトライアングルは、環境の恵みの享受と脅威・リスクの回避を最適な形で意思決定するための思慮深さにとって不可欠な要素です。そこで、わたしは、つぎのことをわたし自身の課題としてきました。すなわち、それは、三つのトライアングルを基礎に、人びとの間の合意形成を実現する「コンセンサス・コーディネーター」であることを自覚し、これを実践することでした。

このような考察と実践から、わたしがこの発表の結論としたいことは、つぎのことです。

わたしたち人類の未来に向けた倫理について考えるとき、選択を誤らないための規範があるべき倫理であるならば、そして、その根底にある基盤的思想が地球上の生命と人類の存続ということであるとするならば、選択の基盤となるのは、惑星倫理でなければならないということです。

惑星倫理の課題は、地球という惑星を所与として、わたしたちが賢明で思慮深い選択を可能にするための倫理です。すなわち、わたしたちは、グローバルかつプラネタリーな視点を維持しなければならないのです。そして、わたしたちは誠実に自然の営みにむきあわなければなりません。わたしたちは、人類が自然から受けとる恩恵と脅威をしっかりと見極めなければならないのです。わたしたちは、恵みを最適な形で享受しなければならず、また脅威を思慮深く回避しなければなりません。さらに、わたしたちは、恩恵と脅威に対する意見の違いと対立を克服するための社会的合意形成のマネジメントの思想を構築しなければなりません。わたしたちは、それを駆使できる哲学と、これを実現する社会的な技術を手にいれなければならないのです。

謝辞

気候変化は倫理的問題だといわれているにもかかわらず、わたしたちは長い間政治・経済的な制約を乗り越え、気候変動をめぐる倫理学（道徳哲学）＋実践の対話を実現する機会を逃してきた。

２０１５年11月30日からフランス・パリで開催されていたＣＯＰ21（国連気候変動枠組条約第21回締約国会議）が、現地時間の12月12日、２０２０年以降の温暖化対策の国際枠組み『パリ協定』【1】を正式に採択した。このパリ協定（ここまで報告で「パリ合意」と称していたもの）は、京都議定書と同じく、法的拘束力をもつ強い協定として結ばれた歴史的な合意である。各国の対立に彩られることが多い交渉のなかで、ここまで大きく前進を実感できたのは長い人類の歴史のなかでもはじめてのことである。『パリ協定』は既存のステークホルダーに大きな負担を求める枠組みだが、それでも待ったなしの合意にこぎつけたのは、グローバルな地球環境問題・生態系の変化をみれば自然はすでに気候変動という現象で人間の過ちを示しているからであり、自然に対する人間の側の反応の研究こそが不足していたことの表れでもある。人間は不都合な事実に対して、長い間、自然から見れば不可解な反応と行為で答えてきたのである。

本書は、『パリ協定』の前におこなわれた、東西の環境倫理・哲学の実践研究に携わるメンバーによる対話の記録である。限りある自然資源を社会全体が経済的にも文化的にも豊かに発展するための共通の基盤ととらえ、自然観の異なる文化背景をもつ倫理（哲学者）・教育者たちは、気候変動をめぐる人間の行為のありかたを自然科学や政治・経済で規定せず、共存に向けた社会システム構築のための対話をおこなった。

この会議出席者のおもな論点は以下のとおりであった。

- 世界規模での温暖化防止のための環境倫理（コンセンサス）の確立は可能か？　西洋と東洋には、異なる環境思想はあるのか？　地球存続のため、指標となる価値基準はあるのか？　地球温暖化防止対策を妨げる課題を倫理でどう解決できるか？
- 第三者（傍観者）から当事者意識への転換はどうすれば実現できるか？
- 〝持続可能な〟地球環境を守るためにわたしたちは何をなすべきか？　環境教育は持続可能性を担保するための有効な手段となりうるか？

気候変動については、発生を予測できる脅威（リスク）と予測できない脅威（不確実性）が伴っている。この両者を曖昧に混在させ、ときに人間が明らかに防ぐことのできるリスクに対して、経済的・政治的な都合から、不確実性を都合のよい根拠に使う〝取引〟は避けなければならないという、環境正義、環境倫理の機運は高まっている。

このことは『パリ協定』の参加国にとっても同様で、市場競争が完全な倫理と両立することは困難であるが、根底にある倫理的問題から目を背けず、弊害を最小限に抑える方法を探し続けるべきとの結論が出されたことは、２０３０年までの各国のCO_2削減目標を見れば明らかである。

スイスは２０３０年までにマイナス50％（１９９０年比）、EUはマイナス40％（１９９０年比）、日本はマイナス26％（２０１３年比）、批判の多い中国でもGDPあたりのCO_2排出量はマイナス60〜65％（２００５年比）にするという相当に高い目標を掲げている。また、インドやインドネシアのような途上国も含めて、温室効果ガスを出して経済発展をしようという考えはすでに持っていない。

ドイツ、オランダ、フランスなどのヨーロッパ諸国はすでに、２０３０年から40年までにガソリン車とディーゼル車の販売を禁止する方針を打ちだし、中国やインドもその動きに呼応してガソリン車販売禁止の方針を打ちだした。今後深刻化する海のプラスチックごみ削減の数値目標の策定など、地球全体の環境問題と気候変動を直接繋ぐ具体的な施策への意思決定が求められる場面が多くなり、ある国がリスクを責任として受け止めず、不確実なもの（アンサーテンティ）として結論を後回しにすればするほど、国際社会から批判を受けることになるのである。このような二者択一的な状況へと議論を追いこむ政治・経済の機能不全自体も、気候変動特有の「道徳性の破局」によって助長されるのである。

気候変動と人間の不確実性については、政治・経済の制約を伴いさらに複雑化していくであろう。実際に、完全な倫理の上に完全な意思決定が生まれることは困難であり、強引な合意こそが不確実性を生むことの発端にもなり得るのである。

世界は現在に至るまで、気候変動をめぐる倫理的なアプローチについて合意に至ってこなかった。これまで多方面からの環境・倫理による研究がなされてきたが、不確実性における意思決定のありかた、グローバルな正義や世代間正義、ローカルな視点によって浮かびあがる場所性の倫理、環境動物を含む自然生態系中心主義の倫理、時間と空間を超越した視座を併せ持つ惑星倫理、といった倫理問題については、合意された理論や原則をほとんど持ち得ていない。

かつて人間中心に構築されてきた倫理の歴史は、こうした気候変動のリスクと不確実性によって、これまでにないほど地球に対する俯瞰的・超越的な視座を伴うようになっている。今回の対話そのものがそうであったように、経済的数値目標や観測数値だけではなく、対話による倫理的アプローチを明らかにしていくことこそが重要となる。未来の環境倫理学はこの対話と葛藤から生まれるであろう。この困難な対話の継承こそがその鍵となる。

今回の議論のなかには、日本社会では広く一般的な議論の俎上には載っていない、倫理的・道徳的な、いわゆる「敏感な内容」が含まれている。賛否両論ありきで両極の立場から、オープンかつ正当な議論が成立しえていない敏感な課題に対しては、日本社会は今後、むしろ自覚的にその事実を引き受ける行動変容が求められる。こうしたことから、本書の翻訳や監修に際し、同一性の文化のなかで隠蔽され、事実が埋めこまれる社会システムの暗部にこそ目を向けるのが倫理・哲学の究極の目的であるとの結論に至り、発言者の言説を薄めず、そのままの表現を尊重した。

最後に、本書をまとめるにあたり「地球温暖化――環境倫理とその実践」と題した国際会議の主催者であり、倫理学の先端研究に関する国際会議を毎年開催し、未来の倫理学の構築に向けて研究者を支援してくださっている公益財団法人上廣倫理財団に心から感謝の意を捧げます。忘れもしない2015年1月、上廣倫理財団より、上廣・カーネギー・オックスフォード国際倫理会議への出席の要請を受けました。会議開催後、この対話の編纂は何度も途中で暗礁に乗りあげ、ギブアップしそうになりました。対談の翻訳から編集作業に至る長い道のりに、ご助言とご支援をくださった財団の方々の根気強いお力なしには、ここまでこられませんでした。

また日本側の登壇者・執筆者である桑子敏雄先生、高野孝子先生、豊田光世先生には、会議後の度重なる編集会議で貴重なご意見とご指導をいただきました。桑子先生は、自然資源管理と人間の力を超えた合意のありかたについて超越的な視座から刺激的なご指導をくださいました。高野孝子先生は、場に根差した環境教育の実績からフィールドの懐の深さを教えてくださいました。本番の会議で活発な議論を展開された豊田光世先生には、ご専門の立場から、本書の編纂に具体的なサポートをいただきました。

そして、本書の発行元である清水弘文堂書房の編集部の皆様には、身近なところからサポートしていただきました。専門外である私の手を超えた本書の監修には、実質、関係者の皆さまの全員参加での監修をお願いした形にしかなりえず、皆様に大変ご心配をおかけするとともに、温かいご支援をいただきました。

環境倫理の実践的な思考と対話の記録は、私の研究分野の転換となり、まさにこの会議を皮切りに私の研究生活は一転していきました。読者の皆様がこの対話の継承をしてくださることを願い、心よりの感謝を、重ねて申しあげたいと存じます。

２０１８年8月吉日
吉川　成美

注

1　パリ協定には、以下のような特徴がある。

「**2度未満**」

パリ協定全体の目的として、世界の平均気温上昇を産業革命前と比較して2度未満に抑えることが掲げられたこと。そして、とくに気候変動に脆弱な国々への配慮から、１・5度以内に抑えることの必要性にも言及されたこと。

長期目標

そのための長期目標として、今世紀後半に、世界全体の温室効果ガス排出量を、生態系が吸収できる範囲に収めるという目標が掲げられたこと。これは、人間活動による温室効果ガスの排出量を実質的にはゼロにしていく目標。

5年ごとの見直し

各国は、すでに国連に提出している2025年／2030年に向けての排出量削減目標を含め、2020年以降、5年ごとに目標を見直し・提出していくことになったこと。次のタイミングは、2020年で（最初の案を9～12か月前への提出が必要）、その際には、2025年目標を掲げている国は2030年を提出し、2030年目標をもっている国は、再度目標を検討する機会が設けられたこと。

より高い目標の設定

5年ごとの目標の提出の際には、原則として、各国は、それまでの目標よりも高い目標を掲げること。

資金支援

支援を必要とする国への資金支援については、先進国が原則的に先導しつつも、途上国も（他の途上国に対して）自主的におこなっていくこと。

損失と被害への救済

気候変動の影響に、適応しきれずに実際に「損失と被害（loss and damage）」が発生してしまった国々への救済をおこなうための国際的しくみを整えていくこと。

検証のしくみ

各国の削減目標に向けた取りくみ、また、他国への支援について、定期的に計測・報告し、かつ国際的な検証をしていくためのしくみがつくられたこと。これは、実質的に各国の排出削減の取りくみの遵守を促すしかけとなる。

著者一覧

エヴァン・ベリー　Evan Berry　アメリカン大学 哲学宗教学 准教授

ガイ・カヘーン　Guy Kahane　オックスフォード大学 准教授／オックスフォード上廣応用倫理センター 副センター長／脳神経倫理学オックスフォードセンター 副センター長

ピート・ヒギンズ　Peter Higgins　エジンバラ大学教授、野外・環境教育部門長

高野孝子　Takako Takano　早稲田大学 文化構想学部 教授

デール・ジェーミソン　Dale Jamieson　ニューヨーク大学 環境学教授

豊田光世　Mitsuyo Toyoda　新潟大学 研究推進機構 朱鷺・自然再生学研究センター 准教授

イングマー・ペルソン　Ingmar Persson　ヨーテボリ大学 実践哲学教授

グスタフ・アリニアス　Gustaf Arrhenius　未来研究所 所長、ストックホルム大学 教授

吉川成美　Narumi Yoshikawa　県立広島大学 大学院 経営管理研究科 准教授

ジュリアン・サヴァレスキュ　Julian Savaulescu　オックスフォード大学 教授／オックスフォード上廣応用倫理センター センター長

桑子敏雄　Toshio Kuwako　東京女子大学 現代教養学部 国際社会学科 コミュニティ構想専攻 教授

装丁　深浦一将
編集協力　二葉幾久
DTP　中里修作

索引

www.shimizukobundo.com

クライメート・チェンジ
新たな環境倫理の探求と対話

発行　二〇一八年一〇月一五日
監修　吉川成美
企画・協力　公益財団法人上廣倫理財団
発行所　株式会社清水弘文堂書房
発行者　礒貝日月
住所　東京都目黒区大橋一・三・七・二〇七
電話番号　〇三・三七七〇・一九二二
FAX　〇三・六六八〇・八四六四
Eメール　mail@shimizukobundo.com
ウェブ　http://shimizukobundo.com/
印刷所　モリモト印刷株式会社

ISBN978-4-87950-630-6 C1012
Printed in Japan.